职业教育课程改革与创新系列教材

家电原理与维修技术项目教程

第 2 版

主　编　刘伦富　蔡继红
副主编　涂　波　许　峰
参　编　龚拥政　王银生　余小英
　　　　熊宗莉　姜全行

机械工业出版社

本书选择目前市场上典型的电热、电动类家电产品，按照电阻型电热器具、电动器具、微波炉、电磁炉四类家电的原理与维修组织内容，其中电阻型电热器具的原理与维修模块介绍了常用电阻型电热元件与温度控制器、电热饮水器具、普通型和智能型电饭锅的原理与维修方法；电动器具的原理与维修模块介绍了电风扇、波轮式和滚筒式全自动洗衣机的原理与维修方法；微波炉的原理与维修模块介绍了微波炉的结构与拆装及故障分析、检修方法；电磁炉的原理与维修模块介绍了电磁炉的结构与原理、故障分析与检修方法等。在每个模块，选择具有代表性的典型样机作为载体，通过样机实拆、实测与维修"演示"，全面系统地介绍了家电产品的结构、工作原理、检修思路与维修方法。

全书采用图解与实操相结合的表现形式，重点在于故障检修方法与技能的学习与掌握，让学生一看就懂，一学就会，并达到举一反三的效果。

本书可作为职业院校"家电原理与维修"课程的教材，也适合从事家电产品生产、调试与维修的技术人员、售后服务人员以及业余爱好者学习与阅读。

本书配有免费电子教案，凡选用本书作为教材的学校可登录www.cmpedu.com进行注册下载。

图书在版编目（CIP）数据

家电原理与维修技术项目教程/刘伦富，蔡继红主编.—2版.—北京：机械工业出版社，2020.7（2025.1重印）
职业教育课程改革与创新系列教材
ISBN 978-7-111-65755-2

Ⅰ.①家… Ⅱ.①刘… ②蔡… Ⅲ.①日用电气器具—理论—职业教育—教材 ②日用电气器具—维修—职业教育—教材 Ⅳ.①TM925

中国版本图书馆 CIP 数据核字（2020）第 095600 号

机械工业出版社（北京市百万庄大街22号 邮政编码100037）
策划编辑：赵红梅 责任编辑：赵红梅
责任校对：张晓蓉 封面设计：马精明
责任印制：单爱军
北京虎彩文化传播有限公司印刷
2025年1月第2版第5次印刷
184mm×260mm・13.25印张・323千字
标准书号：ISBN 978-7-111-65755-2
定价：44.90元

电话服务 网络服务
客服电话：010-88361066 机 工 官 网：www.cmpbook.com
　　　　　010-88379833 机 工 官 博：weibo.com/cmp1952
　　　　　010-68326294 金 书 网：www.golden-book.com
封底无防伪标均为盗版 机工教育服务网：www.cmpedu.com

前言

随着人们生活水平的提高,家用电器在城乡居民家庭中的普及率已迅速得到提高,电饭锅、电热饮水机、洗衣机等更是人们生活中不可或缺的电器产品。家用电器的普及为电子电器产品的生产、售后服务、维修提供了广阔的市场空间。同时,科技的进步,产品推陈出新,新元器件、新技术、新工艺不断应用于家用电器产品,增强了产品的人性化功能,极大提高了家用电器产品的高新技术含量,但也给家用电器的维修增加了难度。

本书为使读者快速掌握家用电器的维修技术,以目前市场上流行的典型家用电器为例,采用将产品结构和繁琐的理论知识通过实物实景图片与边做边学的形式表达出来,避免冗长的语言文字描述;对产品的检修、检测过程通过实操图片的形式"演示"出来,让读者一看就懂、一学就会,能达到举一反三的作用。

读者通过实例的学习,可以快速掌握家用电器的维修规律,找到其共性,把自己培养成家用电器维修的行家。

本书模块一介绍了常用电阻型电热元件与温控器件、电热饮水机、电热水壶、电饭锅等电热器具的原理与维修方法;模块二介绍了电风扇、波轮式和滚筒式全自动洗衣机等电动器具的原理与维修方法;模块三和模块四介绍了微波炉、电磁炉的原理与维修方法。

本书计划110学时,参考课时分配如下表,各学校可据具体情况进行调整。

内容	模 块 一	模 块 二	模 块 三	模 块 四
	电阻型电热器具的原理与维修	电动器具的原理与维修	微波炉的原理与维修	电磁炉的原理与维修
学时	22	34	18	36

本书由湖北信息工程学校刘伦富、蔡继红担任主编,宜昌市三峡中等专业学校涂波、京山县职业技术教育中心许峰担任副主编,参与编写的还有谷城县中等职业教育中心学校龚拥政,湖北信息工程学校王银生、余小英、熊宗莉和姜全行。

由于编者水平有限,书中难免有错漏或不妥之处,恳请读者提出以便修正,不胜感激。

编 者

目 录

前 言

模块一　电阻型电热器具的原理与维修 ……………………………………………… 1

项目一　常用电阻型电热元件与温度控制器的检修 …………………………………… 1
　　任务一　电热元件的检测与修复 ………………………………………………… 1
　　任务二　温度控制器及其检测 …………………………………………………… 5
项目二　电热饮水器具的原理与检修 ………………………………………………… 11
　　任务一　电热饮水机的原理与检修 ……………………………………………… 11
　　任务二　电热水壶的故障检修 …………………………………………………… 17
项目三　电饭锅的原理与检修 ………………………………………………………… 24
　　任务一　普通型电饭锅的结构与工作原理认知 ………………………………… 24
　　任务二　普通型电饭锅的故障检修 ……………………………………………… 28
　　任务三　智能电饭锅的结构与工作原理认知 …………………………………… 32
　　任务四　智能电饭锅的故障检修 ………………………………………………… 38
应知应会要点归纳 ……………………………………………………………………… 43

模块二　电动器具的原理与维修 ……………………………………………………… 45

项目一　电风扇的原理与维修 ………………………………………………………… 45
　　任务一　电风扇的结构与工作原理认知 ………………………………………… 45
　　任务二　电风扇的常见故障检修 ………………………………………………… 53
　　任务三　冷风电扇的结构认知与日常维护 ……………………………………… 57
项目二　波轮式全自动洗衣机的原理与维修 ………………………………………… 64
　　任务一　波轮式全自动洗衣机的结构认知 ……………………………………… 64
　　任务二　洗衣机洗涤与传动系统的原理及维修 ………………………………… 66
　　任务三　洗衣机进排水系统的原理与维修 ……………………………………… 73
　　任务四　洗衣机支承减振系统的原理与维修 …………………………………… 80
　　任务五　洗衣机电气控制系统的原理与维修 …………………………………… 83
项目三　滚筒式全自动洗衣机的原理与维修 ………………………………………… 93
　　任务一　滚筒式全自动洗衣机的结构与工作原理认知 ………………………… 93
　　任务二　滚筒式全自动洗衣机的检测与维护 …………………………………… 96
项目四　全自动洗衣机的故障及其排除 ……………………………………………… 107
应知应会要点归纳 ……………………………………………………………………… 121

模块三　微波炉的原理与维修 ··· 123

任务一　微波炉的拆装与结构认知 ·· 123
任务二　机电控制型微波炉的电路分析与元器件检测 ···························· 129
任务三　微处理器控制型微波炉的整机电路分析 ·································· 137
任务四　微波炉故障分析方法与常见故障检修 ···································· 140
应知应会要点归纳 ·· 145

模块四　电磁炉的原理与维修 ··· 147

任务一　电磁炉的结构认知 ·· 147
任务二　电磁炉的加热原理与电路组成 ··· 150
任务三　电磁炉电源供电电路的分析与检修 ······································· 153
任务四　电磁炉功率输出电路的分析与检修 ······································· 161
任务五　电磁炉检测与保护电路的分析与检修 ···································· 168
任务六　电磁炉的操作与显示电路分析与检修 ···································· 181
任务七　电磁炉典型故障检修 ··· 189
应知应会要点归纳 ·· 196

附录 ·· 198

附录A　波轮式全自动洗衣机的电动机绕组结构 ································· 198
附录B　智能电饭锅典型电路原理图 ··· 200
附录C　电磁炉典型电路原理图 ·· 201

参考文献 ·· 204

模块一

电阻型电热器具的原理与维修

电阻型电热器具是将电能转换为热能的器具。常用的电阻型电热器具有电熨斗、电饭锅、电热水器、电取暖器、电热饮水器等。由于电热器具具有清洁卫生、易于实现温度控制、安全可靠、使用方便、热效率高等优点，因此，电热器具已成为人们生活中不可缺少的日常生活用具，广泛地应用于办公室、家庭和公共场所，方便人们取暖、饮水及食品的烹饪。

项目一 常用电阻型电热元件与温度控制器的检修

• 职业岗位应知应会目标 •

1. 熟悉电阻型电热元件与常用温度控制器的基本结构。
2. 会检测电阻型电热元件与常用温度控制器的好坏。
3. 能修复开启式、罩盖式、密封式电热元件和常用温度控制器。
4. 会检测常用温度控制器、恒温调节器的好坏。

任务一 电热元件的检测与修复

任务引入

电热元件是电热器具的核心部件，其功能是将电能转换为热能。常用的电热元件主要有电阻型（包括电热丝、电阻发热体等）电热元件和半导体加热器（PTC）等，其中电阻型电热元件应用最多。本任务选择典型的产品，说明电阻型电热元件的检测与修复方法。

 做中学

一、器材准备

电炉一个或电热丝一根,电热管一个,罩盖式电热元件一个,红外线石英管一个,万用表一块,电工工具一套。

二、电阻型电热元件的检测

电阻型电热元件因装配方式不同,分为开启式、罩盖式和密封式三种。

1. 电热丝的检测

1)开启式电热元件的检测。图1-1所示是电吹风的电热(阻)丝和电炉的电热丝及其检测方法。它们都是开启式结构,工作时温度较高且总是与空气直接接触,很容易被烧断或因电气接点处氧化造成接触不良等,尤其是电炉的电热丝更是如此。一般用万用表的电阻挡(如R×100挡)检测电热丝是否被烧断或电气接点是否接触不良:如其电阻值为很大或无穷大,则说明电热丝被烧断或接点接触不良;如为合适的电阻值,说明电热丝及接点是好的。

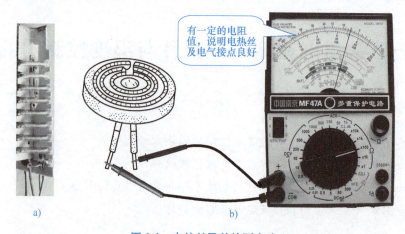

图1-1 电热丝及其检测方法

a)电吹风电热丝 b)电炉电热丝及其检测方法

2)罩盖式与密封式电热元件的检测。图1-2所示是罩盖式和密封式电热元件的结构与检测图,图1-2a中电熨斗的罩盖式电热元件,其带状电热丝缠绕在云母板上,再用两片云母罩在上下两面。图1-2b所示为密封式管状电热元件,是用绝缘导热材料将电热元件密封在金属管中,形成管状加热器,可直接对液体加热。密封式管状电热元件也可制成板状加热体,如图1-2c所示。它们的发热体都是电热丝,用万用表检测它们的电阻就可判断其好坏。图1-2d为密封式管状加热器检测图。

2. 电热红外线辐射元件的检测

红外线是一种介于可见光与超短波之间的电磁波,是人眼看不见的射线。物体吸收了红外线就能够发热,利用红外线加热具有升温迅速、穿透力强、加热均匀、节能等优点。电热红外线辐射元件是利用辐射方式给物体加热的,其电热转换元件是镍铬合金电阻丝,产生红

外线辐射的物质有陶瓷、远红外辐射涂层或乳白石英管，它常用于取暖器具和烘箱。由于镍铬合金电阻丝密封于红外线辐射管内，与空气隔离，大大延长了其使用寿命。图1-3所示是管状红外线辐射元件结构图。

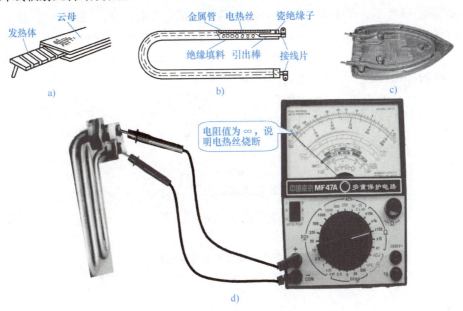

图1-2 罩盖式和密封式电热元件的结构与检测图

a) 罩盖式电热元件 b) 密封式管状电热元件 c) 板状加热体 d) 密封式管状加热器检测图

图1-3 管状红外线辐射元件结构图

电热红外线辐射元件的检测方法如图1-4所示。用万用表的电阻挡（如R×100挡）检测电热丝就可判断其好坏。

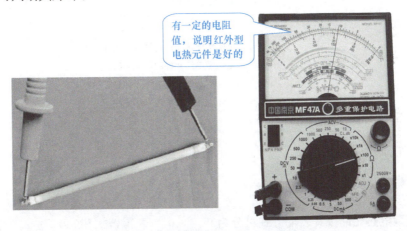

图1-4 电热红外线辐射元件的检测方法

三、电热丝的简单修复

电热器件在长时间或非正常电压下使用,电热丝常会出现断路故障。电热丝断路的简单修复方法如图1-5所示,图1-5a适合直径较小的非铁基合金电热丝,图1-5b、c适合直径在0.5~1mm的电热丝,可将断头置于导电金属槽中冷压或采用包不锈钢皮冲压连接。当电热丝直径在1~1.5mm时,可采用在导电杆上铣槽后进行焊接,如图1-6所示。当电热丝直径大于1.6mm时,则可采用对焊连接,如图1-7所示。

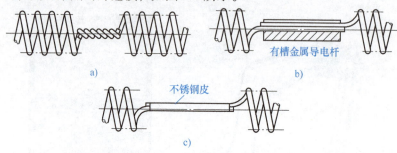

图1-5 电热丝断路的简单修复方法
a)缠绕连接 b)槽中冷压连接 c)包不锈钢皮冲压连接

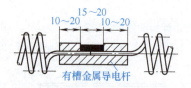

图1-6 铣槽焊接

图1-7 对焊连接

任务评价

任务评价标准见表1-1。

表1-1 任务评价标准

项 目	配 分	评 价 标 准	得分
知识学习	20	1)懂得电阻型电热元件的基本结构和分类 2)懂得电阻型电热元件的修复方法	
实践	70	1)会检测并判断电阻型电热元件好坏 2)会修复开启式、罩盖式电热元件	
团队协作与纪律	10	遵守纪律、团队协作好	

思考与提高

1. 电阻型电热元件按其装配方式可分为_____、罩盖式和_____三种。
2. 判断电阻型电热元件的好坏通常检测其_____。

3. 红外线加热物体具有升温快、_____、_____、节能等优点，其电热转换元件是_____，因此，判断红外线加热器具的方法是_____。

任务二　温度控制器及其检测

水加热到一定温度，要求电热水器能自动断电停止加热，这就是电热水器的温度控制。在生产或日常生活中，人们希望电热器具的工作温度能限定在某一范围或具有温度调节能力，实践中人们用温度控制器实现这一功能。

电热器具的基本结构包括发热器、温度控制器和安全装置三部分。温度控制器（简称温控器）是电热器具实现温度自动控制的器件。目前常用的有按发热强度控制的双金属片式温控器、磁控式温控器和按发热时间控制的定时器。随着电子技术的发展，电子式温控器也被广泛应用。

一、双金属片式温控器

1. 双金属片式温控器的工作原理

双金属片是将膨胀系数差别比较大的两种金属焊接在一起，一端固定，另一端自由。当温度升高时，膨胀系数大的金属片伸长量大，致使整个双金属片向膨胀系数小的金属片一面弯曲。温度越高，弯曲程度越大。这种变形可以使电气触点接通或断开，达到控制电热器具加热时间的目的。当电热器具冷却到复位温度时，触点自动闭合，恢复正常工作状态。图1-8所示是平直形双金属片式温控器的实物与结构图，它由双金属片、可动触点、固定触点、（玻璃）外壳及引线等组成。当双金属片所感受的温度达到预定的控制温度时，它便会产生形变，从而使可动触点与固定触点断开，起到温控开关的作用。当温度降低到复位温度时，触点自动闭合，恢复正常工作状态。

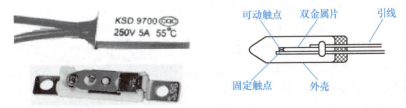

图1-8　平直形双金属片式温控器的实物与结构图

实践证明，双金属片的形变除与温度有关外，还与长度、厚度有关：长的双金属片比短的双金属片容易弯曲，薄的双金属片比厚的双金属片容易弯曲。

2. 双金属片式温控器的应用

双金属片式温控器可制成不同的结构形式,以满足电热器具的温度自动控制,广泛应用于饮水机、电热开水瓶、电暖水袋、热水器、微波炉、电烤箱、洗碗机、电熨斗、烘干机等电热器具上,除了用于自动温度控制外,还可以用来作为热过载保护器使用。

(1) 平直形双金属片式温控器　平直形双金属片式温控器结构简单,广泛应用于电火锅、电暖水袋、低档电烤箱等的温度控制中,如图 1-9 所示是电火锅调温型温控器。

(2) U 形双金属片式温控器　图 1-10 所示是 U 形双金属片式温控器的实物与结构图,它由双金属片、推杆、触点及外壳等组成。自然状态下触点处于常闭状态,当双金属片所感受的温度升高,双金属片在温度的

图 1-9　电火锅调温型温控器

作用下产生形变,压迫推杆向下运动,达到预定的控制温度时,触点断开,切断电路起到温控开关的作用。U 形双金属片式温控器又称为温度继电器,它分自复位型和手动复位型两种,广泛应用于饮水机、电热水壶、微波炉等。

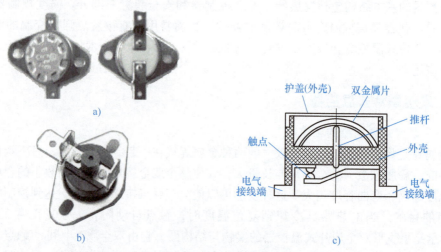

图 1-10　U 形双金属片式温控器的实物与结构图
a) 自复位型　b) 手动复位型　c) 结构图

(3) 双金属片式恒温调节器　图 1-11 所示为双金属片式恒温调节器的结构,这是一个动断(常闭)触点型双金属片式温控器,通过调整调温螺钉对两触点的压紧程度来控制动断触点的动作温度。例如,当螺钉向上旋转时,两触点之间的压力较大,这时需要较高的温度才能使双金属片产生足够

图 1-11　双金属片式恒温调节器的结构

的弯曲力,才能使触点脱离;相反,如果螺钉向下旋转,两触点间的压力减小,则较低的温度就足以使触点动作。在电热器具中,将恒温调节器触点接入电热元件电路,通过其触点的断开和闭合来控制电热元件的工作温度。

实际使用中，双金属片式温控器件多置于发热体中心，这样容易保证温度控制的准确性。

双金属片式恒温调节器常用于电熨斗、电火锅等需要调温控制的电热器具中。图1-12所示是双金属片式恒温调节器在电熨斗中的应用，电熨斗控制电路如图1-13所示。

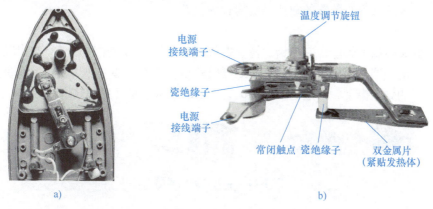

图1-12　双金属片式恒温调节器在电熨斗中的应用
a）安装位置与接线　b）恒温调节器结构图

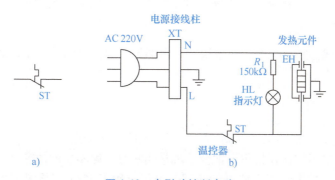

图1-13　电熨斗控制电路
a）双金属片温控器的符号　b）控制电路

接通电源时，双金属片平直，动触点与静触点接触，整个电路接通，指示灯亮，电热元件工作，电熨斗温度升高；当温度升高双金属片弯曲，到预定值时，推动触点断开，指示灯灭，电路断开，电热元件停止工作，电熨斗温度下降；当温度下降到一定程度时，双金属片又恢复到原平直位置，触点闭合，电路接通，指示灯又亮。如此循环，就使电熨斗的温度保持在某一恒定值左右。调节温度调节旋钮，改变静触点的压力，就改变了温度设定值，以熨烫不同衣物。

二、温度安全装置

温度安全装置的作用是当电热器具温度异常而超过极限值时立即切断电源，以确保安全。常见的温度安全装置有下述两种类型。

1. 双金属片式安全装置

只要把双金属片式温控器的温度调整在比正常使用温度更高的位置上，它就可以作为安全装置使用。当电热器具温度超过正常使用温度时，该双金属片式温控器便会动作，切断电源，保证安全。U形双金属片式温控器就是常用的温度安全装置。

双金属片式温控器作为安全装置的主要优点是可以多次重复使用。它分为自动复位和手动复位两种。前一种是在动作后待温度下降时自动复位，电热器具又可工作；后一种需要人工复位。双金属片式安全装置的缺点是机构较为复杂。

2. 热熔断器

热熔断器又称温度熔丝，它由铅、锡、铋等受热易熔化的合金制成。将它串联在电热器具电路中，当电热器具温度过高时，热熔断器受热熔化切断电源。热熔断器上有色点，色点表示热熔断器的熔断温度，一般为80~230℃。图1-14所示是常见的热熔断器。

图1-14 常见的热熔断器

做中学

一、器材准备

U形双金属片式温控器一个，双金属片式恒温调节器或电熨斗一个，热熔断器，万用表一块，电工工具一套。

二、温控器检测

1. U形双金属片式温控器的检测

U形双金属片式温控器在使用中常会出现常闭触点接触不良的故障，一般是常闭触点处于断开状态或者在设定的温度不能自动断开，可用万用表R×1挡检测其电阻值来判断，如图1-15所示。若电阻值为0，说明常闭触点接触良好；若为无穷大，说明触点已断开。对于温控器在设定的温度能否断开，通常有两种检测方法：一是在加热的过程中听其有无"咔"

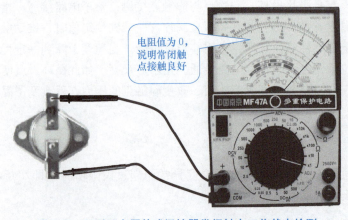

图1-15 U形双金属片式温控器常闭触点工作状态检测

的断开声音；二是加热到设定的温度时断电，检测其电阻值。

2. 恒温调节器的检测

恒温调节器使用时串联在电热元件电路中，其触点通过的电流较大，常会出现触点（片）烧蚀、黏结或无弹性等故障。检测方法如图 1-16 所示。如测量其电阻值为∞，说明常闭触点断开；如检测电阻为几十欧甚至更大，说明触点（片）接触不良，即触片无弹性或触点烧蚀。触点烧蚀造成接触不良时可用细砂纸将触点打磨光滑，严重时应更换。恒温调节器在检查时还应观察其触点是否黏结，如黏结应用小刀慢慢撬开后再用细砂纸打磨光滑，严重时应更换。

图 1-16 恒温调节器的检测方法

3. 热熔断器的检测

正常情况下热熔断器的电阻值应为 0，在电路中只有通或断两种情况。检测方法如图 1-17 所示，如测量电阻值为 0，说明热熔断器是好的；否则，电阻应为无穷大，是坏的。电路熔断器的检测方法也是如此。

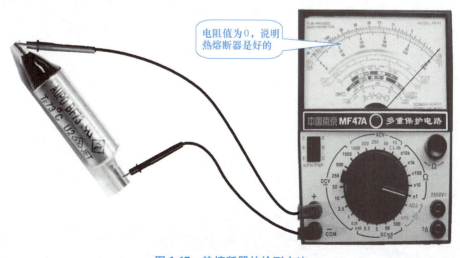

图 1-17 热熔断器的检测方法

任务评价

任务评价标准见表1-2。

表1-2 任务评价标准

项　目	配分	评价标准	得分
知识学习	30	1) 懂得双金属片式温控器的工作原理 2) 能理解恒温调节器的工作原理 3) 懂得温度安全装置的作用及其重要性	
实践	60	1) 会检测常用温控器的好坏 2) 能检修、调整恒温调节器 3) 会检测常用热熔断器的好坏	
团队协作与纪律	10	遵守纪律、团队协作好	

思考与提高

1. 电热器具的基本结构包括_____、_____和安全装置三部分。
2. 双金属片受热_____，温度越高，_____程度越大。实践证明，双金属片的形变除与温度有关外，还与_____、_____有关。长的双金属片比短的双金属片_____，薄的双金属片比厚的双金属片_____。
3. 当电热器具温度_____时，热熔断器受热熔化_____电源。
4. 简述双金属片式恒温调节器的工作原理。
5. 试分析电熨斗工作过程。

项目二 电热饮水器具的原理与检修

> • 职业岗位应知应会目标 •
> 1. 熟悉电热饮水机和电热水壶的基本结构。
> 2. 会检测、诊断电热饮水器具发热元件的好坏。
> 3. 会更换电热饮水机的发热管或热罐。
> 4. 能检测、诊断、更换电热饮水器具的控制器件。

任务一 电热饮水机的原理与检修

随着人们水平的提高,人们越来越注意饮食卫生。电热饮水机以其外形美观、结构精巧、使用方便、安全可靠等优点,受到人们的欢迎。目前使用较普遍的饮水机是以桶装水为供水方式的,水用完后,需更换新的桶装水,并定期清洗消毒,较安全卫生。使用中电热饮水机需做定期维护、保养与维修。

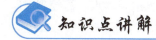

1. 台式电热饮水机的结构

图 1-18 是常见的台式电热饮水机的外形与结构,冷水由储水箱冷水龙头提供,热水由热罐加热后经热水龙头提供,热水的温度一般为 85~95℃。台式电热饮水机主要包括箱体、水龙头(冷、热水)、接水盘、加热装置、指示灯等部分,其中,加热装置是其主要部件。加热装置的结构如图 1-19 所示,它主要由热罐、电热管、温控器及保温壳等组成。热罐通常由不锈钢制成,内装功率为 500W 左右的卧式不锈钢电热管。热罐外壁装有自动复位和手动复位温控器,热罐外加保温材料。热罐一般安装在饮水机的底板面上。

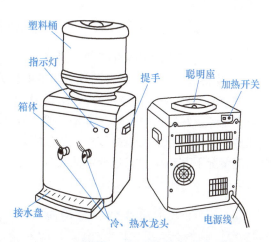

图 1-18 常见的台式电热饮水机的外形与结构

2. 台式电热饮水机的工作原理

台式电热饮水机的典型电路如图 1-20 所示。整个电路分为加热电路和指示电路两部分，图中 EH 为加热器，ST_1 是自动复位温控器，ST_2 是手动复位温控器，整流二极管 VD_1、VD_2 的作用是为了防止发光二极管在交流电路中承受反向电压时被击穿。发光二极管 VL_1 和 VL_2 分别作为通电指示和加热指示。

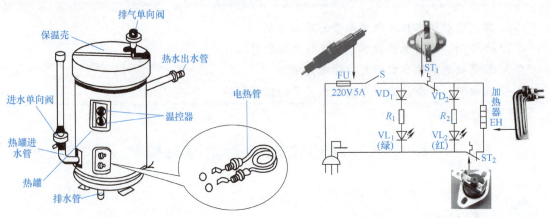

图 1-19　加热装置的结构　　　　图 1-20　台式电热饮水机的典型电路

工作时，接通电源，闭合开关 S，发光二极管 VL_1 和 VL_2 点亮，加热器 EH 得电加热。当热罐内的水被加热到温控器 ST_1 设定的温度时，温控器 ST_1 的触点断开，切断加热器的电源，停止加热。同时发光二极管 VL_2（加热指示）熄灭。当水温降到某一值时，温控器 ST_1 的触点重新闭合，EH 又重新通电加热。如此反复，使水温保持在 85~95℃ 范围内。

超温保护温控器 ST_2 的动作温度为 95℃。它可以防止热罐内的水达到沸点。温控器 ST_2 动作后需手动复位。FU 是熔断器，起过电流保护作用，熔断后只能更换。

做中学

一、电热器具常见故障检修方法与检修流程

电热器具的故障主要有两种，即不发热与温度失控。其原因主要如下：
1）电热元件导电回路开路性故障或电热元件损坏，导致电热器具不发热。
2）温控器件或其控制电路故障，导致温度失控。

要排除电热器具的故障，首先必须分清是电热元件的故障还是温控器件的故障。对于电热元件，只要用万用表测试其阻值，就能确定其好坏；对于温控器件，主要是通过观察在通电加热情况下其动作状态是否正常或者用万用表测试其常闭触点的阻值来判定其好坏。

电热器具常见故障检修流程如图 1-21 所示。

二、电热饮水机典型故障检修

1. 电热饮水机通电后不加热

故障分析：经检查电源插头与插座接触良好，不存在市电供电故障。供电正常但不加

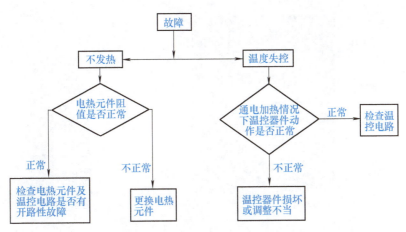

图 1-21　电热器具常见故障检修流程

热，故障可能是熔断器 FU 熔断、电热管烧断或温控器常闭触点断开及电源开关不能闭合等。

故障检修如下：

1）闭合饮水机电源开关，用万用表测量待修电热饮水机电源插头之间的电阻，正常情况下其阻值约为 100Ω 左右，如图 1-22 所示。机型不同，阻值也不同。如果阻值太大或为无穷大，则说明供电电路开路；如电阻值为 0，则说明供电电路有短路现象。经检测该故障饮水机电源插头之间的电阻值为∞，说明供电电路有开路情况。

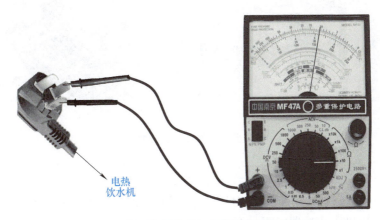

图 1-22　检测电热饮水机正常情况下整机电阻

2）拆开电热饮水机的后盖，检测相关元件。图 1-23 所示是电热饮水机的内部结构与元器件布局。拧开熔断器盒如图 1-23b，检查熔断器是否完好。用万用表电阻挡检查两个温控器（保温开关与保护开关），发现有一个温控器的电阻值为∞，说明温控器损坏，必须更换。用十字螺钉旋具拆下温控器的固定螺钉，如图 1-24 所示，取下温控器，更换同型号的温控器。安装新的温控器时应在其感温面涂上导热硅胶。安装好温控器之后，试电故障排除。

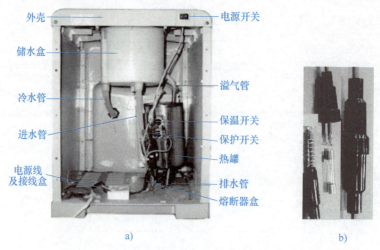

图 1-23 电热饮水机的内部结构与元器件布局图
a) 元器件布局 b) 熔断器盒

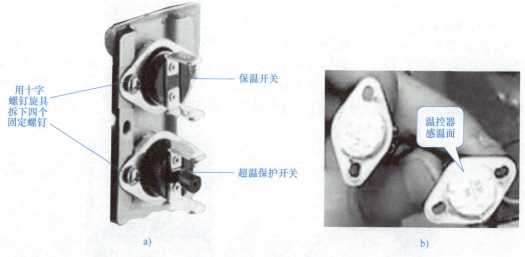

图 1-24 温控器的拆卸方法

2. 通电后，电源指示灯和加热指示灯亮，但饮水机不加热

故障分析：电源指示灯和加热指示灯亮，说明 FU 和 85℃ 加热温控器（保温开关）是好的，怀疑电热管和 95℃ 温控器（保护开关）有问题。

故障检修：用万用表电阻挡检测热罐的电热管和温控器，发现电热管损坏，必须更换。热罐有两种，一种是可拆卸上盖，更换电热管的；另一种是热罐的上下盖不可拆卸，只能整体更换。热罐的拆卸方法如下：

1）放水。通过水龙头排放饮水机储水盒和热罐内的水，但热罐内仍有余水。热罐余水排放方法如图 1-25 所示，用手取下位于饮水机底部的热罐胶塞即可排完余水。

2）拆卸热罐。放完水之后，先拆下胶管，如图 1-26 所示，用斜口钳剪断胶管的扎线头，取下胶管。再用十字螺钉旋具拆卸热罐的固定螺钉，如图 1-27 所示，取下热罐。

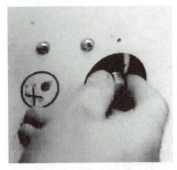 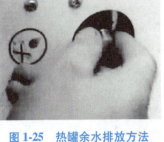 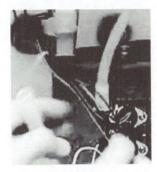

图 1-25　热罐余水排放方法　　图 1-26　胶管的拆卸　　图 1-27　热罐的拆卸

拆下热罐后，如果上盖可拆卸，可拆下上盖更换电热管。图 1-28 所示是热罐上盖拆卸方法。更换电热管后，可按图 1-29 所示重新安装保温层，按拆卸的逆过程安装热罐。胶管安装过程如图 1-30 所示。

图 1-28　热罐上盖拆卸方法

 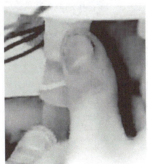

图 1-29　重新安装保温层　　　　图 1-30　胶管安装过程

安装完热罐、胶管后，装上水后试机故障排除。

注意：排过水的饮水机，要试机必须先装上水方能进行，不能让加热管干烧，否则，会在很短的时间内烧毁加热管。

3. 水龙头损坏

饮水机常用的水龙头有螺母型与螺栓型两种，如图 1-31 所示，可根据损坏的饮水机水龙头的类型选择同类型更换，拆下出水胶管即可拆卸损坏的水龙头。饮水机水龙头的安装固定方法如图 1-32 所示。

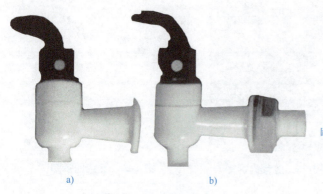

图 1-31 饮水机的水龙头
a) 螺母型　b) 螺栓型

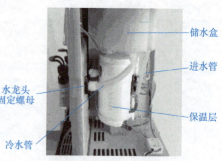

图 1-32 饮水机水龙头的安装固定方法

任务评价

任务评价标准见表 1-3。

表 1-3 任务评价标准

项　目	配分	评价标准	得分
知识学习	30	1）了解电热饮水机的基本结构 2）能理解电热饮水机的工作原理 3）掌握电热器具常见故障的检修流程	
实践	60	1）会分析、检修饮水机常见故障 2）会检测、更换温控器 3）会检测、更换热罐 4）能熟练更换饮水机水龙头	
团队协作与纪律	10	遵守纪律、团队协作好	

思考与提高

1. 电热饮水机有两个温控器，其作用分别是_____、_____。
2. 对于电阻型电热元件，只要用万用表测试_____，就能确定其好坏；对于温控器件，主要是通过观察在通电加热情况下其动作状态_____或者用万用表测试_____判定其好坏。
3. 安装新的温控器时应在其感温面_____。
4. 排过水的饮水机，要试机必须_____，否则，会在很短的时间内_____。
5. 用流程图说明饮水机不加热的检修过程。

6. 用流程图说明热罐的拆装过程。

任务二　电热水壶的故障检修

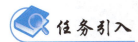

底盘式可360°旋转的电热水壶以其加热速度快、结构精巧、无线移动、安全可靠、使用方便等优点，迅速步入办公室、居民家庭中，给人们快节奏的生活带来方便。电热水壶的功率较大，一般在1kW以上，如果使用不当或者不注意维护，就会大大降低其使用寿命，甚至出现故障。

目前，底盘式可360°旋转的不锈钢电热水壶在市场上很"受宠"，它的壶体与电源为分体结构，使用方便。烧水时接通电源，其加热功率大，速度快，烧开一壶水只需4～5min，水烧开后自动切断电源且不会自复位，故断电后水壶不会自动再加热，安全性高。这种电热水壶即饮即烧，快捷方便。

一、器材准备

底盘式可360°旋转的电热水壶一个，万用表一块，电工工具一套。

二、电热水壶外观与电源底盘的观察

图1-33所示是可以360°旋转的电热水壶外形，其壶体与电源底盘是分开的，如图1-34所示。图1-35所示是电热水壶的插头与插座结构。

图1-33　可以360°旋转的电热水壶外形

a）蒸汽开关安装在壶体底座　b）蒸汽开关安装在壶柄上

图1-34　电热水壶插头与插座

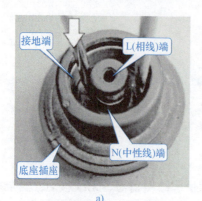 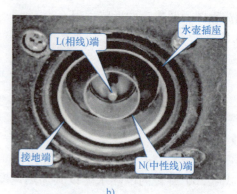

图 1-35 电热水壶插头与插座结构
a) 插头结构　b) 插座结构

拆卸下电源底盘（水壶插头）的固定螺钉，即可看到内部结构，如图 1-36 所示。电热水壶接触不良或长时间的连续烧水，触片容易烧蚀直至损坏。

三、拆卸下壶体底座，观察内部电气结构

电热水壶温度自动控制与保护电器大多数安装在壶体底部，图 1-37 所示是壶体底座拆卸方法。拆开后可以看到内部电气元器件的布局，如图 1-38 所示，主要由电源/蒸汽开关、蒸汽导管、发热盘、指示灯、温控器、热熔断器、水壶插座等组成。

蒸汽开关是电热水壶的关键部件，图 1-39 所示是电热水壶常用的两种蒸汽开关的外形。烧水时，水沸腾产生的蒸汽通过蒸汽导管（有的利用壶柄作为蒸汽导管）使温控器的双金属片弯曲变形，并通过杠杆推动电源开关断开且不可自复位。拆卸壶底部与水壶插座之间的连线，就可清楚地看到蒸汽开关的安装情况，如图 1-40 所示。

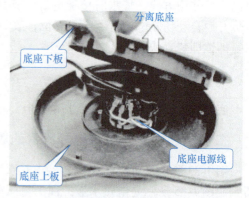

图 1-36 电源底盘（水壶插头）的内部结构

图 1-37 壶体底座拆卸方法

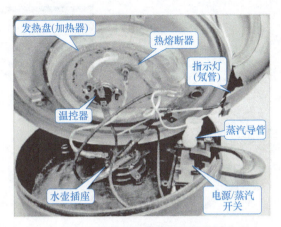

图 1-38　水壶底部内部电气元器件的布局

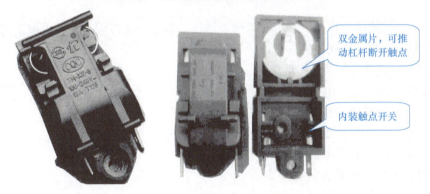

图 1-39　蒸汽开关的外形

蒸汽开关检测方法如图 1-41 所示，用万用表 R×1 挡测量其电阻值。按下开关（实线箭头），正常情况下电阻值应为 0；然后在另一端按下开关（虚线箭头），电阻值应为 ∞。否则，说明开关触点损坏。一般说来，感温元件双金属片损坏的可能性很小，只是用久了弹性会降低。

为了防止操作失误如用户忘记放水或蒸汽开关失灵导致干烧，电热水壶设置了双重防干烧保护装置。当水位很低或干烧时，温度上升

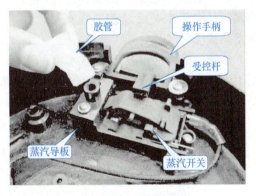

图 1-40　蒸汽开关的安装情况

较快，壶底上 U 形温控器的双金属片动作，使水壶断电；当蒸汽开关和 U 形温控器（开关）均失去作用时，随着温度升高，热熔断器（安全熔断装置）熔断，断开电源，起到保护作用。

四、电热水壶常见故障检修

电热水壶结构简单，元器件少，故障率比较低，常见故障主要有加热元件损坏、蒸汽开关触点接触不良或失灵、保护器件断开以及线路接点接触不良等故障。

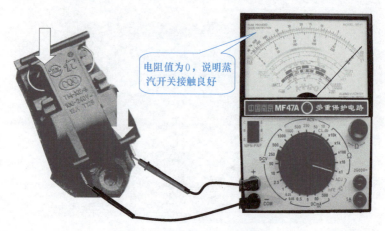

图 1-41 蒸汽开关检测方法

检修中，根据故障现象进行分析、检测关键点，确定故障范围。对故障范围内重点怀疑对象进行检测与排除，直到找到故障点。

1. 电热水壶上电后，无任何反应

故障分析：经检查，电热水壶电源插头与市电电源插座接触良好，问题在电热水壶本身。在电热水壶的控制电路中，温度控制器件、温度保护器件（热熔断器）、蒸汽开关与加热元件等是串联关系，如图 1-42 所示。只要有一个元器件开路，电热水壶就无法工作。经向用户询问，电热水壶已经使用很多年，怀疑发热盘和蒸汽开关有问题。

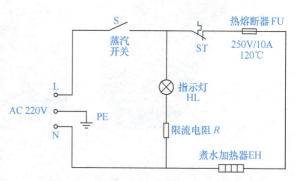

图 1-42 电热水壶电路原理图

故障检修：拆卸故障电热水壶的底座，即可检测发热盘、温度保护与控制器件等。图 1-43~图 1-45 所示分别为发热盘、热熔断器和温控器的检测方法。经检测这些元器件都是好的。因此，该电热水壶的故障只能怀疑是蒸汽开关造成的，其蒸汽开关安装在壶柄上，安装位置如图 1-33b 所示。该蒸汽开关的检修方法如下：

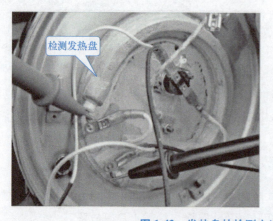

图 1-43 发热盘的检测方法

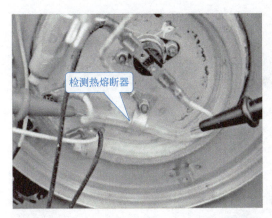 

图 1-44 热熔断器的检测方法

图 1-45 温控器的检测方法

拆卸故障电热水壶壶柄外盖的固定螺钉，取下壶柄外盖和手动操作按钮即可见到黑色外壳的蒸汽开关，如图 1-46a 所示。卸下两个固定螺钉，取出塑料盖和蒸汽开关，如图 1-46b、c 所示，拆开蒸汽开关如图 1-46d 所示，发现触点已烧蚀且开关在闭合状态时，触点接触不良。用细砂纸打磨触点至光滑，调节触片弹力，使触点在闭合状态下接触良好，再用万用表电阻挡检测开关的两接线柱，其电阻值为 0，说明蒸汽开关的触点已修好，如图 1-46e 所示，重新组装好蒸汽开关，恢复电路，将电热水壶装上水后，试电故障排除。

2. 蒸汽开关安装在壶体底座的电热水壶上电后，按下开关不加热、指示灯也不亮

故障分析：这种电热水壶的各种控制与保护电器元器件都安装在壶体底部，必须拆开底座进行检查分析。图 1-47 所示为蒸汽开关、安全装置组合控制安装图。

故障检修：用万用表 R×10 挡测量发热盘电阻，其阻值约为 50Ω，说明发热盘良好，而控制与保护开关组合在一起，说明组合开关损坏，因组合开关装配较精细且修理较困难，只能用同型号的组合开关更换。

3. 电热水壶上电烧了 2~3min，刚发出烧响声，就自动断电

故障分析：温度没有达到标准值，就自动断电，说明温控器出现故障。重现故障现象，听到跳闸断电声，但发现蒸汽开关操作手柄并没有动作，说明是防干烧温控器的常闭触点断

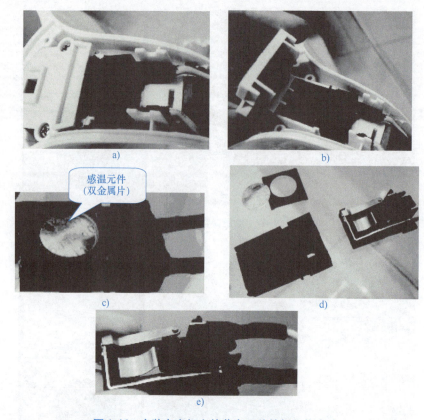

图 1-46 安装在壶柄上的蒸汽开关的拆、修方法
a）蒸汽开关的固定螺钉　b）取出塑料盖　c）蒸汽开关的感温元件
d）蒸汽开关的内部结构　e）修复后的蒸汽开关触点

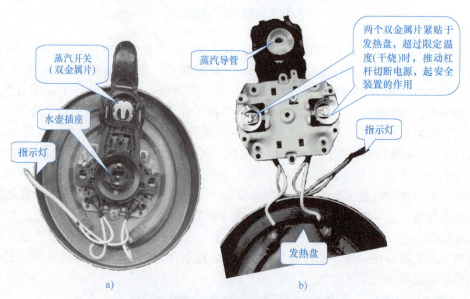

图 1-47 蒸汽开关、安全装置组合控制安装图
a）蒸汽开关正面图　b）安全装置（限温开关）图

开了。

故障检修：拆开水壶底座，用万用表电阻挡测量温控器电阻，发现其阻值为∞，说明温控器损坏，更换同型号的温控器，恢复电路，加水上电试机故障排除。

4. 电热水壶上电时，电源总开关跳闸断电

故障分析：电源总开关跳闸断电，说明有短路或漏电现象。

故障检修：取下水壶电源插头，闭合电源开关，用万用表电阻挡测量插头的 L（相线）端、N（中性线）端间的电阻值为∞，说明内部有开路情况。检测插头的 L 与 PE（保护接地线）间的电阻值为 0，说明内部有接地（导线与水壶金属体相连）现象。

拆开水壶底座，认真查看，没有发现导线线头与水壶金属体相连。用万用表电阻挡检测发热盘，发现其阻值为∞，说明发热盘已经损坏。用万用表电阻挡检测发热盘的两个电源端点与水壶金属外壳间的电阻，发现有一个电阻值为 0，说明发热盘内部电热丝烧断后搭接了金属体。发热盘与水壶是一个整体，发热盘损坏，电热水壶也就损坏了。

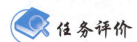

任务评价标准见表 1-4。

表 1-4　任务评价标准

项　目	配分	评价标准	得分
知识学习	30	1）了解电热水壶的插头与插座的基本结构 2）掌握电热水壶内部电器元件布局 3）掌握电热水壶温度控制与保护装置的原理	
实践	60	1）能熟练拆、装电热水壶 2）会检测、更换蒸汽开关 3）会分析、检修电热水壶常见故障	
团队协作与纪律	10	遵守纪律、团队协作好	

1. 安装在电热水壶底部的主要元器件由电源/蒸汽开关、蒸汽导管、_____、指示灯、_____、_____、水壶插座等。

2. 电热水壶烧水时，水沸腾产生的蒸汽通过蒸汽导管（有的利用壶柄作蒸汽导管）使_____，并通过杠杆推动电源开关_____且不可自复位。

3. 电热水壶最容易烧坏的部位是插头、插座和_____。

4. 画出电热水壶的电路原理图。

5. 说一说电热水壶的二重保护装置的工作原理。

项目三　电饭锅的原理与检修

> **职业岗位应知应会目标**
> 1. 熟悉电饭锅的基本结构。
> 2. 能理解电饭锅的工作原理。
> 3. 会检测、诊断、更换电饭锅的元器件。

任务一　普通型电饭锅的结构与工作原理认知

任务引入

电饭锅又称电饭煲，它具有自动蒸煮食物、不需要看管、保持恒温、使用方便、节省时间以及清洁卫生等特点，它广泛应用于城乡居民家庭。

知识点讲解

一、普通型电饭锅各部件及其作用

1）内锅。一般用薄铝板模压成型，底部呈球面状，与加热器（发热盘）外形接触紧密，保证较好的热传导性能，提高热效率。

2）加热器。又称发热盘，如图1-48所示，它是将管状电热元件浇铸在铝合金中而制成的。其外形呈球面状，表面光滑，并与内锅底面吻合。浇铸后，为保证绝缘性能，管状电热元件的端部用密封材料密封。

图1-48　发热盘正、反面图

3）磁钢限温器。发热盘的中心安装有磁钢限温器。其主要作用是在饭煮熟时，使电路自动断电，以免饭被煮焦，它是一种能准确感温的温控器件，磁钢限温器的实物如图 1-49 所示，磁钢限温器的结构原理如图 1-50 所示。

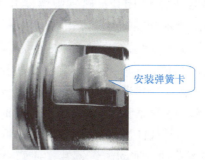

图 1-49　磁钢限温器的实物

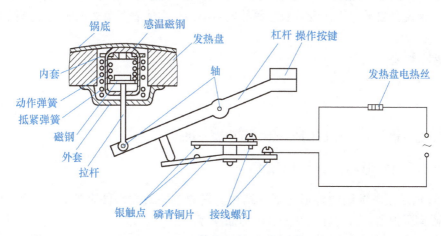

图 1-50　磁钢限温器的结构原理图

磁钢限温器主要由感温磁钢、磁钢（又称永久磁铁，由硬磁材料制成）、动作弹簧、杠杆、银触点和操作按键等组成。煮饭时，按下操作按键，动作弹簧被压缩，磁钢上升与感温磁钢相吸，两个银触点闭合，接通电源，发热盘工作，对电饭锅加热。锅底温度逐渐上升时，感温磁钢温度也随之上升。当温度达到 103℃ 左右时，感温磁钢的磁导率和磁性急剧下降，此时，磁钢在动作弹簧的弹力与杠杆重力作用下，已不能吸住感温磁钢，杠杆向下移动，推动磷青铜片，使两个银触点断开，从而切断电源，发热盘停止加热。

磁钢限温器的优点是控温准确，动作可靠，能够迅速断开触点，性能优于热双金属片。

磁钢限温器的缺点是降温后不能自动复位，要使两触点闭合，需要手动复位。

4）恒温器。一般为双金属片式恒温器，其作用是利用双金属片在温度变化时发生弯曲，控制电路触点的断开或闭合，以切断或接通电源，实现恒温控制。

5）指示灯。指示灯用来显示电饭锅是否处于蒸煮或者保温的工作状态。

二、普通型电饭锅的工作原理

如图 1-51 所示,接通电源,未按下按键开关时,仅保温加热器开关 S_1 闭合,磁钢限温器开关 S_2 不闭合,此时电源指示灯红灯亮。煮饭时,按下按键开关,磁钢限温器开关 S_2 闭合,发热盘通电,温度上升;当温度上升到70℃时,S_1 受温度影响自动断开,但发热盘仍在通电工作,直到米中水蒸干且温度上升到103℃时,感温磁钢的磁导率和磁性急剧下降,此时,磁钢在动作弹簧的弹力与杠杆重力作用下,已不能吸住感温磁钢,杠杆向下移动,推动磷青铜片,使两个银触点断开,切断电源,发热盘停止加热工作。当温度下降到低

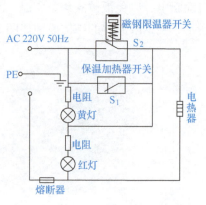

图 1-51 普通型电饭锅的工作原理图

于70℃时,恒温器的双金属片触点 S_1 闭合,又使发热盘通电,开始保温工作过程。

小功率保温型自动电饭锅没有双金属片式恒温器,它依靠罩盖式加热电热丝保温加热。

做中学

一、器材准备

普通型电饭锅一个、电工工具一套、万用表一块。

二、电饭锅外形与内部结构观察

图 1-52 所示是电饭锅的外形与基本结构。它的主要组成部件有外壳、内锅、发热盘、恒温器、磁钢限温器、指示灯、开关及电源插座等。

拆开普通型电饭锅的底座,就可看到内部元器件布局,如图 1-53 所示。图 1-53a 是小功率保温型自动电饭锅,图 1-53b 是大功率保温型自动电饭锅。可以看到小功率保温型自动电饭锅主要由主加热器(发热盘)、保温加热器(罩盖式加热电热丝)、磁钢限温器等组成。大功率保温型自动电饭锅与前者相比是用双金属片式恒温器代替了罩盖式加热电热丝。

a)

图 1-52 电饭锅的外形与基本结构

a)普通型与智能型电饭锅外形

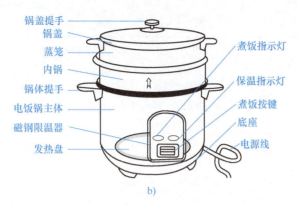

b)

图 1-52　普通型电饭锅的外形与基本结构（续）
b）普通型电饭锅的结构

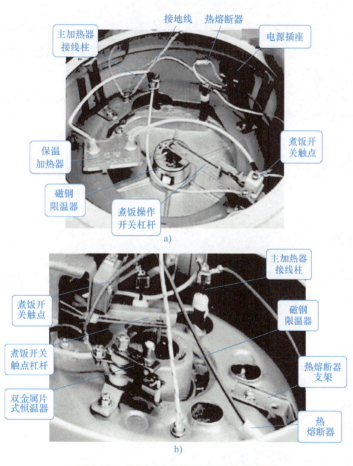

图 1-53　普通型电饭锅内部元器件布局
a）小功率保温型自动电饭锅　b）大功率保温型自动电饭锅

任务评价标准见表 1-5。

表 1-5 任务评价标准

项　目	配分	评 价 标 准	得分
知识学习	50	1) 了解电饭锅的基本结构 2) 熟悉电饭锅各元器件的作用 3) 掌握磁钢限温器的工作原理 4) 懂得电饭锅工作原理	
实践	40	1) 能熟练拆、装电饭锅 2) 了解电饭锅内部电器元件布局	
团队协作与纪律	10	遵守纪律、团队协作好	

思考与提高

1. 普通型电饭锅的保温器主要有_____和_____两种。
2. 普通型电饭锅的发热盘是将_____浇铸在铝合金中而制成的，其表面光滑并与内锅底面吻合。发热盘的中心安装有_____以实现自动控温。
3. 磁钢限温器在米中水蒸干后，温度上升到_____时，其磁性_____。
4. 试分析普通型电饭锅的工作原理。

任务二　普通型电饭锅的故障检修

任务引入

电热器具使用到一定的年限后都会出现故障，电饭锅也不例外。在掌握了电饭锅的基本结构和工作原理后，分析、检修电饭锅的常见故障是比较容易的。

做中学

普通型电饭锅常见的故障现象有发热盘不发热、煮不熟饭、煮焦饭、保温失灵、外壳带电等。结合电饭锅的工作原理，通过试验的方法可以帮助我们快速确定故障范围，再用仪表进行相关参数的测量就可确定有故障的元器件。

一、试验方法确定故障范围

用少量的水（10~20mL）代替煮饭用的水和米，对有故障的电饭锅进行通电试验，可帮助我们快速确定电饭锅的故障范围。

1) 用 10~20mL 的水放入电饭锅内，接通电源。如果指示灯亮，说明电源指示灯、电源线、煮饭按键开关都良好；如果指示灯不亮，说明电源或其指示灯部分（称为电源供电及指示部分）有问题。故障就应从上述的几个地方开始查找。

2）接通电源供电及指示部分后，检查发热盘。如果发热盘正常，电饭锅中的水温应开始上升；如果水不热，说明发热盘有故障。

3）如果水温上升到70℃时，水中有小气泡向外冒。把煮饭按键开关（磁钢限温器）拨到断开位置，观察指示灯的变化情况，就可以判断保温开关的工作是否正常。正常时，指示灯进行从点亮到熄灭，经过一段时间后又从熄灭到点亮的反复过程。如果一直亮或一直熄灭，就是保温开关有故障。

4）把煮饭按键开关（磁钢限温器）按下，水由70℃开始上升到100℃，水开始大量蒸发，当水蒸发干后，温度上升到103℃±2℃时，按键开关应迅速切断电源，煮饭指示灯熄灭，说明磁钢限温器正常。如果水蒸发干后1min左右不见指示灯熄灭，说明磁钢限温器有故障。

二、普通型电饭锅典型故障检修

1. 电饭锅上电后，指示灯不亮也不加热

故障分析：此故障属于电源供电及指示部分故障，应先检查电源线，其次检查温度熔断器及煮饭按键开关的触点。

故障检修如下：

1）电源线检测。方法如图1-54所示，用万用表的电阻挡进行L—L、N—N间的电阻测量，如电阻值为0，说明电源线良好，否则，电源线断线。一般来说，电饭锅用久了，电源线会折断，最容易折断的是图1-55所示的A、B处。如电源线断线，应更换。

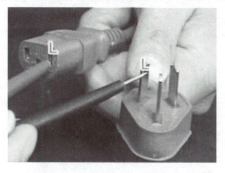

图1-54　电源线的检测方法

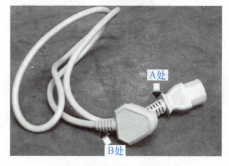

图1-55　电源线易损端

2）检查电饭锅插座与电源插头线之间是否接触良好，供电是否正常。拆下电饭锅的底座，将电饭锅的底向上放平放稳，再给电饭锅上电，用万用表250V交流电压挡按图1-56所示测量电饭锅的输入电压是否正常，如为220V左右，说明接触良好，供电正常。

3）检查热熔断器。断开电源，用万用表的电阻挡在线检测热熔断器的电阻，正常应为0；若检查发现电阻为无穷大，说明热熔断器烧断，更换同型号的热熔断器，故障排除。

2. 煮饭烧焦

故障分析：应根据煮饭烧焦的情况来分析。如果煮饭烧焦得很严重，或者是煮饭开关跳闸后，仍在加热，说明保温开关触点烧结。保温开关触点烧结，保温开关无法断开，在磁钢限温器跳开断电后，保温开关还在继续通电加热，造成已煮熟的饭烧焦。如果煮饭烧焦得较轻微，说明保温开关触点断开较晚，是触片弹性较弱所致，可通过调节触片压力解决。

故障检修：保温开关触点烧结的处理如图1-57所示，在图1-57a中，用一字螺钉旋具用

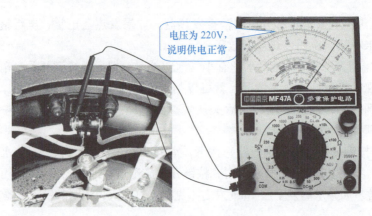

图 1-56 电源供电检查

力向上推,触点不分开,说明触点已烧结。用小刀把触点分开,然后用零号砂纸把触点打磨光滑,如图 1-57b 所示。烧结严重的触点应更换。

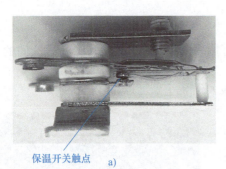 

图 1-57 保温开关触点烧结的处理方法
a）保温开关　b）用小刀拨开触点

保温开关触片弹力的调整方法如图 1-58 所示。用小号一字螺钉旋具压紧螺钉沿逆时针方向旋转 1~2 圈,以减轻瓷绝缘柱对静触片的压力。然后在电饭锅中加少量的水加热试验,观察 70℃ 左右时保温开关触点是否断开,如果不能断开,再慢慢调试,直到达到要求为止。

3. 煮饭出现生饭或夹生饭

故障分析：可能是磁钢限温器损坏。如果磁钢限温器永久磁铁的磁性退化,在温度还没有达到 103℃,磁力小于弹簧弹力时,煮饭开关跳闸切断电源,就会做出生饭和夹生饭。

故障排除：拆下磁钢限温器,方法如图 1-59 所示,用尖嘴钳把拉杆上端折成与缺口相同的形状,让拉杆与开关的杠杆脱开,如图 1-59a、b 所

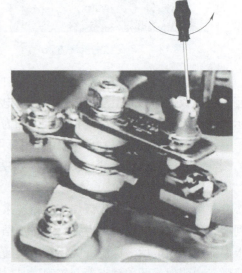

图 1-58 保温开关触片弹力的调整方法

示。再用尖嘴钳把安装弹簧卡向内弯折，如图 1-59c，最后取下磁钢限温器。按相反的过程更换安装一个新磁钢限温器。

a)

b)

c)

图 1-59　磁钢限温器拆卸方法
a）拆卸拉杆　b）脱开拉杆　c）拆卸安装弹簧卡

有时安装的新磁钢限温器因安装不到位也会出现温度还没有达到 103℃ 时就跳闸的现象，这主要是开关的杠杆没有调整好，造成磁钢行程减短，磁钢与感温软磁接触不紧，磁力减弱。排除方法是将杠杆向磁钢方向弯曲一下就可以了。

任务评价

任务评价标准见表 1-6。

表 1-6　任务评价标准

项　目	配分	评　价　标　准	得分
知识学习	20	能根据故障现象结合电饭锅的工作原理分析、确定故障范围	
实践	70	1）能用试验方法确定故障范围 2）会快速检修电源供电及指示部分故障 3）能熟练维修保温开关 4）能熟练更换新的磁钢限温器	
团队协作与纪律	10	遵守纪律、团队协作好	

思考与提高

1. 简述用试验的方法确定电饭锅的故障范围。
2. 试分析电饭锅漏电的故障原因。

任务三 智能电饭锅的结构与工作原理认知

任务引入

前面学习的普通型电饭锅，它是利用磁钢达到极限温度（约103℃）时失磁切断电源电路进行自动控制的。智能电饭锅采用中央处理器（CPU）来调节加热器的加热时间，实现对锅底温度精准控制。智能电饭锅功能多，做饭软香可口，深得用户喜爱。

知识点讲解

一、智能电饭锅主要部件及其作用

1. 温度传感器

智能电饭锅的温度传感器实质上是一个负温度系数的热敏电阻RT，它的阻值随温度上升而减小，从而引起检测电路输出电压 U_{OUT} 的变化。如图1-60所示是温度检测电路。当温度 t↑→热敏电阻RT阻值↓→输出端电压 U_{OUT}↓。当温度 t 上升至高于预设温度时，输出电压 U_{OUT} 也随之降到预设值之下，从而使控制器件（如电压比较器、CPU）的状态发生改变，即输出端电平发生变化，原来为高电平则输出低电平；反之亦然。

智能电饭锅的上盖和锅底均安装了温度传感器。上盖温度传感器主要防止锅内水沸腾时液体溢出锅。当锅内水沸腾时，高温气体上升，上盖热敏电阻RT的阻值减小，检测电路输出端电压 U_{OUT} 下降，输入到CPU后调节加热器的输出功率，使其减小或停止加热，确保液体不

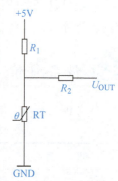

图1-60 温度检测电路

溢出锅。锅底温度传感器由磁钢温度传感器和热敏电阻温度传感器组成，图1-61所示为锅底温度传感器总成。当饭煮好后，水分蒸干，锅内温度会上升至103℃左右，磁钢温度传感器失磁，断开电源电路，加热器停止工作。热敏电阻温度传感器检测锅底温度，并将变化信号传入CPU，CPU会调节加热器的输出功率，控制煮饭不同阶段的温度和时间。

2. 继电器

继电器实际上也是一种开关，它同一般开关所不同的是其触点的通、断由通过继电器线圈的电流来控制。图1-62所示为电磁式直流继电器的实物、结构示意图及符号。

由图1-62b可知，继电器由线圈、铁心、衔铁和触点等组成。继电器的线圈套在铁心上，弹簧拉着衔铁，当线圈通电时，线圈产生的电磁力将衔铁吸向铁心，使触点改变原来的状态，即常闭触点断开，常开触点闭合。当线圈失电时，衔铁在返回弹簧的作用下，使触点

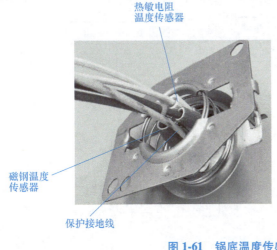
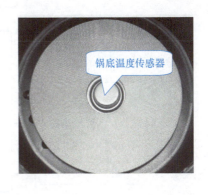

图 1-61 锅底温度传感器总成

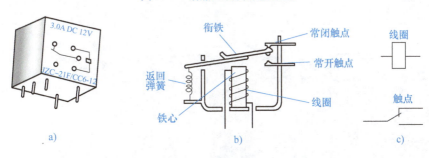

图 1-62 电磁式直流继电器的实物、结构示意图及符号

a) 实物 b) 结构示意图 c) 符号

恢复原来的状态,即常闭触点恢复闭合,常开触点恢复断开。由此可见,继电器是一种用小电流控制大电流的自动开关,它可将控制电路的弱电与被控主电路的强电隔离。

二、智能电饭锅工作原理

智能电饭锅主要由电源电路、主控电路(加热器电路)、微电脑控制电路、温度传感器控制电路和显示/提示(报警)电路等组成,图 1-63 所示为智能电饭锅工作原理框图。

1. 电源电路与主控电路

图 1-64 所示是电源电路与主控电路。

1)电源电路。它主要由电源变压器 T、整流桥或整流二极管 $VD_1 \sim VD_4$、滤波电容 C_1、7805 稳压器等组成。AC220V 电压通过滤波后经电源变压器 T 产生 9V 左右的交流低电压,该低电压经桥式整流电路和滤波电容 C_1 进行整流滤波,产生 12V 直流电压,分两路输出。一路为直流继电器 KA 的线圈供电;另一路经三端稳压器(7805)、电容 C_3、C_4、C_{10} 等组成的稳压滤波电路,产生 5V 直流电压,为 CPU、指示灯、显示/提示(报警)电路和其他单元电路供电。

现在许多智能电饭锅都采用数字开关电源产生 12V 和 5V 直流电压,分别给继电器和 CPU 供电。

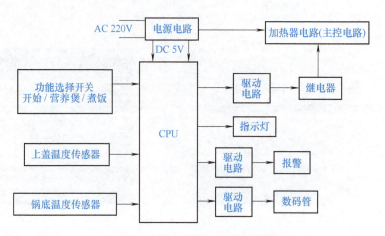

图 1-63 智能电饭锅工作原理框图

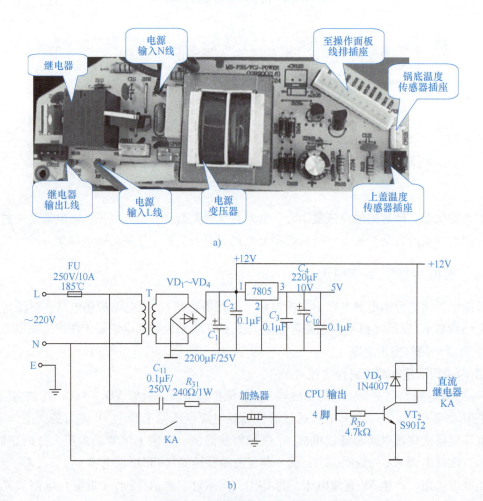

a)

b)

图 1-64 电源电路与主控电路

a) 电路板实物图　b) 电路原理图

2）主控电路。它根据 CPU 控制电路发出的信号（4 脚输出高或低电平）对继电器 KA 实现通断控制，切断或接通加热器，调节加热器工作时间，使加热器始终保持合适的工作温度。例如，煮饭时，在选择好煮饭方式或定时时间后，按下开始键，CPU 给 4 脚输出高电平，经限流电阻 R_{30} 加到放大管 VT_2 的基极，使 VT_2 饱和导通，直流继电器 KA 的线圈获得驱动电流，KA 常开触点闭合，接通加热器的供电回路，加热器工作，开始煮饭。当煮饭的温度升至程序设置的温度时，锅底温度传感器的阻值减小，反馈给 CPU，使其 4 脚输出低电平，VT_2 截止，直流继电器 KA 线圈失电，KA 触点释放，恢复断开，加热器停止工作。

智能电饭锅是在 CPU 内部设计好了控制电饭锅的煮饭程序，即吸水、加热、维持沸腾、补炊、焖饭、保温等过程的运行程序。电饭锅煮饭时，如锅底温度高于运行程序设定温度时，CPU 使加热器转至下一子程序工作运行，或持续加热，或间断加热。当煮饭的温度升至 103℃ 左右时，磁钢温度传感器失磁，断开电源电路，加热器停止工作。

图中 R_{31}、C_{11} 构成阻容吸收电路，消除继电器 KA 触点通断所产生的电火花，减少对视听设备的干扰。VD_5 为续流二极管，它反向并联在继电器 KA 线圈的两端，当放大管 VT_2 由饱和导通变为截止状态时，线圈断电，其两端产生较高的反向电动势，此时续流二极管正好和反向电动势及 KA 线圈构成回路，消耗掉该反向电动势，防止击穿放大管 VT_2 及其他电路元件。

2. 微机控制与显示/提示（或报警）电路

微机控制电路是以 CPU 为核心的控制电路，主要由自动复位电路、时钟振荡（晶振）电路、操作电路、温度检测电路和显示/提示（或报警）电路等组成。图 1-65 所示为微机控制与显示/提示（或报警）电路。

（1）CPU 基本工作条件电路　CPU 正常工作必须具备电源正常、复位正常、时钟正常 3 个基本条件。CPU 的 3 脚接 5V 电源，31 脚接地，保障 CPU 的正常供电。

1）复位电路。5V 电源、晶体管 VT_1、电阻 R_4、R_5、R_6、电容 C_7 等与 CPU 的 1 脚连接构成自动复位电路。当 1 脚为低电平时，CPU 内电路复位。开机上电瞬时，晶体管 VT_1 还没导通，CPU 的 1 脚通过 R_6 获得低电平复位，完成初始化工作，清除上次工作状态（具有记忆功能部分除外）。之后，晶体管 VT_1 导通，1 脚变为高电平，CPU 进入工作状态。其中 C_7 为高频旁路电容。

2）时钟振荡电路。CPU 的 XT1 脚、XT2 脚与外接石英晶体、电容 C_8 和 C_9、电阻 R_{12} 等组成时钟振荡电路。时钟振荡电路由石英晶体产生固定的振荡频率，它使 CPU 的各电路在时钟信号控制下严格按时序进行工作。

（2）分压式按键操作电路　功能选择键 SB_1、时间增/减键 SB_2 与 SB_3、启动/停止键 SB_4 等组成分压式按键操作输入电路，通过 30 脚输入到 CPU。当按下某一操作键时，经分压电阻产生不同的电压，输入到 CPU 的 30 脚，经 CPU 内部电路识别、处理后，执行相应控制程序，完成定时、煮饭、稀粥、煲汤、快煮、保温等功能。图中 R_7 为上拉电阻，保证按键按下时，30 脚有确定的高电平。

（3）温度检测电路　由锅盖和锅底温度传感器组成温度检测模块 RT，温度检测模块 RT 采用 5V 电源供电，它的输出端 OUT 与 CPU 的 19 脚相连接。锅底温度检测模块安装在加热器中央，主要用来检测加热器的煮饭、稀粥、煲汤、快煮和保温等温度。温度传感器将温度变化转换成电压变化信号，经 19 脚输入 CPU，与预设的各种参数进行比较，执行相应的加热控制程序。

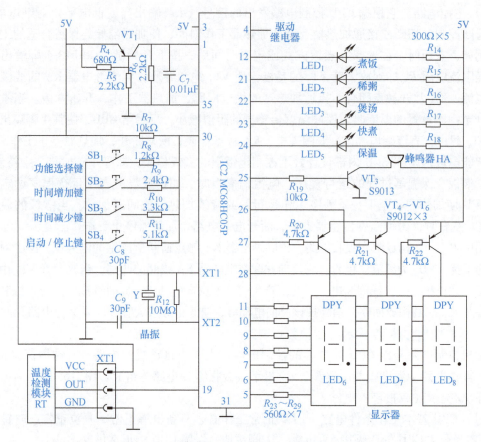

图 1-65 微机控制与显示/提示（或报警）电路

（4）显示/提示（或报警）电路

1）显示电路。电阻 $R_{14} \sim R_{18}$，指示灯（发光二极管）$LED_1 \sim LED_5$ 等分别与 CPU 的 12、21~24 脚连接组成操作模式显示电路。当按下需要的操作键时，信号通过 30 脚输入到 CPU，经识别后，不仅输出控制信号使电饭锅进入用户需要的工作状态，而且使 12、21~24 脚中对应脚输出低电平，对应的发光二极管点亮，显示运行模式。同时，显示信号加到由 CPU 的 26~28 脚、5~11 脚、电阻 $R_{20} \sim R_{29}$、晶体管 $VT_4 \sim VT_6$ 和共阳极数码管 $LED_6 \sim LED_8$ 等组成的运行显示计时电路，显示电饭锅工作时间等信息，一般显示剩余工作时间。

2）提示（或报警）电路。电阻 R_{19}、晶体管 VT_3、蜂鸣器 HA 与 CPU 的 25 脚连接组成声音提示（或报警）电路。当电饭锅完成煮饭等相应的功能时，CPU 的 25 脚输出高电平，VT_3 导通，HA 发出提示（或报警）声，告诉用户饭已煮好。

一、器材准备

智能电饭锅一个、万用表一块、电工工具一套。

二、智能电饭锅内部结构观察

拆开智能电饭锅的底座,可观察到内部器件情况,如图 1-66 所示。它主要由控制电路板、显示屏、磁钢温度传感器、上盖和锅底温度传感器等组成。在底部安装磁钢温度传感器,防止其他传感器失灵,导致加热器长时间工作在 103℃ 以上。

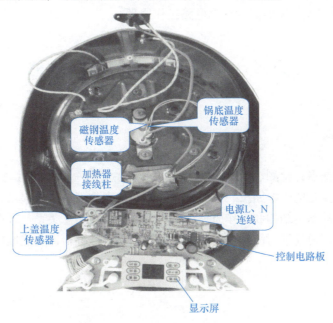

图 1-66　智能电饭锅内部结构

任务评价标准见表 1-7。

表 1-7　任务评价标准

项目	配分	评价标准	得分
知识学习	50	1) 了解智能电饭锅的基本结构和电路组成 2) 熟悉智能电饭锅各元件的作用 3) 能分析智能电饭锅的温度检测电路工作原理 4) 会分析智能电饭锅工作原理	
实践	40	能熟练拆、装智能电饭锅,了解智能电饭锅内部电器元件布局	
团队协作 与纪律	10	遵守纪律、团队协作好	

1. 智能电饭锅主要由电源电路、_____ 电路、_____ 电路、_____ 电路和显示/

提示（报警）电路等组成。

2. 智能电饭锅煮饭一般包括吸水、_____、_____、补炊、____、保温等过程。
3. 主控电路的任务是根据 CPU 控制电路发出的信号对继电器实现通断控制，调节_____工作时间，使加热器始终保持合适的_____。
4. 智能电饭锅的微电脑内部程序和温度传感器检测的实时温度决定电饭锅_____。
5. 简要分析智能电饭锅的温度检测电路工作原理。

任务四　智能电饭锅的故障检修

智能电饭锅功能多，检测、控制、操作器件多，在使用一段时间后总会出现一些故障。由于智能电饭锅主要是电子电路按一定的程序工作，出现故障后维修起来有一定的难度，但只要我们掌握了它的基本结构和工作原理，对各电器元件的相互关系、各电路单元的控制关系形成完整的认知，再通过对故障电路物理量的检测与科学分析，就能准确查找故障范围与故障点，排除故障。

一、故障诊断与基本检修方法

故障检修前要做调查研究。调查研究是故障诊断与检修的前奏，是为了收集故障分析的第一手资料，调查研究正确、全面，对检修工作往往起到事半功倍的效果。检修前的调查研究主要包括"问"——向使用者询问故障前后的现象；"看"——电饭锅外观和电路有无明显损坏；"闻"——闻电饭锅有无烧焦的气味，通过这些方式对故障进行分析、诊断，确定故障大致范围和可能部位。

进行调查研究后要根据工作原理应用专业知识对电路进行逻辑分析、测量，准确确定故障范围与故障点。

二、智能电饭锅典型故障检修

1. 煮饭按键失灵

故障分析：煮饭按键失灵，其他按键操作正常，说明只是煮饭按键损坏。智能电饭锅均采用机械式微动触摸开关，在使用过程中如经常性用力太大，很容易损坏。图 1-67a 所示为触摸按键开关的实物和电路图。

故障检修：由图可知，微动触摸开关是方形，不易识别引脚排列顺序，但从电路图符号看，其对角线的引脚一定构成开、关关系。用万用表 R×10 挡测量其电阻，如图 1-67b 所示。向下按动开关，若其阻值为无穷大，说明损坏，需更换。

模块一　电阻型电热器具的原理与维修

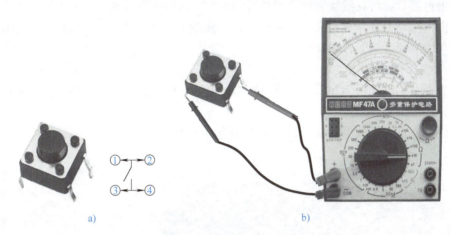

　　　　　　a)　　　　　　　　　　　　　　　b)

图 1-67　触摸按键开关检测

a）触摸按键开关实物和电路图　b）微动触摸开关的检测

2. 煮饭一会电饭锅就不工作了

故障分析：能煮饭但时间不长，说明电路基本正常，问题可能在温度传感器。

故障检修：拆开电饭锅底座，用万用表 R×10k 挡测量温度传感器的电阻，如图 1-68 所示，其阻值常温下一般是 50kΩ。检查锅底温度传感器阻值正常，但上盖温度传感器阻值为无穷大，再仔细检查，发现经常开盖导致一根线基本磨断，找到故障点后，将线重新接好，上电工作正常。

3. 上电有显示，但不能煮饭

故障分析：检修前，经向使用者询问，反映电饭锅损坏前的一段时间有烧焦的气味。拆开电饭锅底座，发现继电器外壳有明显的变色变形，怀疑继电器发热烧坏。

故障检修：一般而言，继电器线圈发热烧坏，可能击穿并联在继电器线圈两端的续流二极管。先拆下继电器，用万用表 R×10 挡测量其线圈电阻，如图 1-69 所示。若实际测量线圈电阻为无穷大，说明继电器线圈已烧断，更换同型号的继电器即可。

图 1-68　温度传感器电阻值测量　　　　　图 1-69　继电器线圈电阻的测量

拆下继电器后,可在线检测续流二极管的电阻,否则测量值是线圈的电阻。如果续流二极管正反向电阻均为零或无穷大,说明已损坏。实测时,正向电阻为20kΩ,反向电阻接近无穷大,说明续流二极管性能良好。

4. 上电无任何显示

故障分析:上电无任何显示,问题应在电源电路和锅底磁钢温度传感器。**这需要带电测量与检修,注意安全!**

故障检修:首先检测电源电压,如图1-70所示,AC220V正常,说明锅底磁钢温度传感

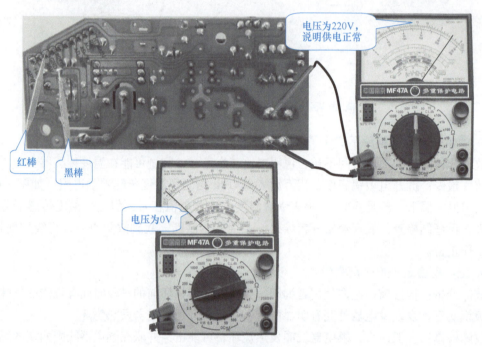

图1-70 电源电路检测

器在常温下工作正常,电源供电正常。进一步检测直流输出电压,用万用表10V直流电压挡测量+5V电压输出点的输出电压为0;换万用表50V直流电压挡测量+12V电压输出,其电压也为0,说明直流电路有问题。检测变压器输出电压为9V,表明供电电压正常,检测整流电路无输出,说明桥式整流块损坏,更换后故障消除。图1-71所示为桥式整流块实物,直流输出极性图上有标识,图1-71b两边引脚是直流输出,左边为"+"极输出端。

图1-71 桥式整流块实物
a)贴片式 b)直插式

任务评价

任务评价标准见表1-8。

表 1-8　任务评价标准

项目	配分	评价标准	得分
知识学习	30	能根据故障现象和电路检测数据分析、确定故障范围	
实践	60	1）能快速在线检测、判断触摸按键的好坏 2）能检测、判断温度传感器的好坏 3）能安全、正确检测和判断电源电路的好坏 4）能正确检测、判断桥式整流堆的好坏	
团队协作 与纪律	10	遵守纪律、团队协作好	

思考与提高

1. 故障检修前的调查研究主要是一问：_____；二看：_____；三闻：_____，确定故障大致范围和可能部位。

2. 智能电饭锅的触摸按键使用频率很高，容易损坏。用万用表 R×10 挡测量_____的引脚电阻，向下按动开关，其阻值接近 0，说明_____；如其阻值为无穷大，说明_____，需要_____。

3. 智能电饭锅一般有两个温度传感器，它们分别位于_____，其阻值在常温下大约为_____kΩ。

4. 简要说明智能电饭锅电源电路电压检测方法。

知识拓展　电烤箱

电烤箱是利用电热元件的辐射热烤制食物的电热器具。电烤箱使用方便、操作简单，用它烘烤食物无毒性、无异味。

1. 结构及工作原理

电烤箱主要由箱体、加热器、控制装置、电气接线和炉具附件等组成。电烤箱的基本结构如图 1-72 所示。

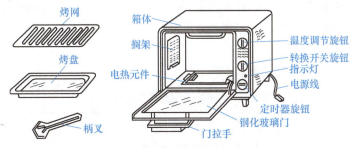

图 1-72　电烤箱的基本结构

（1）箱体　电烤箱的箱体由外壳、内腔、炉门等部分组成。外壳和内腔一般用冷轧钢板制成。外壳侧面开有遮尘降温通风孔，表面喷涂彩漆，起防锈和装饰作用。内腔表面一般都经镀铬处理,以提高热反射率。内腔两侧设有搁架,用于放置烤网和烤盘。炉门一般由填有保温材料的双层薄钢板制成,并装有由耐温钢化玻璃制成的观察窗,以观察食物的烘烤情况。有的炉门带有断开电源的联锁开关。

(2) 加热器　电烤箱的加热器一般采用管状电热元件或板状电热元件,由炉腔顶部和底部(也称上层和下层)两部分组成。有的电烤箱加热器采用乳白石英加热管。

电烤箱工作时,置于炉腔顶部和底部的两组电热元件同时发热,形成"面火"与"底火",其热量主要以红外线的形式辐射出来。

(3) 控制装置　电烤箱的控制装置包括恒温控制器、定时器和转换开关。电烤箱温度控制电路如图 1-73b 所示。

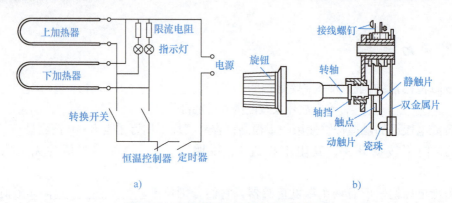

图 1-73　电烤箱温度控制电路和结构图
a) 电烤箱温度控制电路　b) 双金属片式温控器结构图

恒温控制器一般采用双金属片式温控器,其结构如图 1-73b 所示。一般温控器旋钮上的刻度分 5~7 挡,最高挡为 250℃ 左右,最低挡为 100℃ 左右。

在图 1-73a 所示的电路图中,转换开关可使上、下加热器处于通电、断电或分别通电与断电状态。图 1-73b 为电烤箱采用的双金属片式温控器,双金属片既作感温探头又作动作元件。当电烤箱温度达到给定温度时,双金属片变形量足以推开动触片切断电源电路。当温度低于给定温度时,双金属片的变形量逐渐减小至复原,使动触片闭合接通电路加热,如此循环,以达到恒温控制。若要改变给定温度,可通过调节图 1-73b 中的旋钮来实现:旋钮顺时针方向旋动,给定温度升高;反时针方向旋动,给定温度降低;当旋钮位于"关(OFF)"位置时,温控器触点断开,电热器不能通电加热。

2. 常见故障及检修方法

电烤箱常见故障及检修方法见表 1-9。

表 1-9　电烤箱常见故障及检修方法

故障现象	故障原因	检修方法
不热,指示灯不亮	1) 无输入电压或引线断路 2) 恒温器断路或调整不良	1) 检查开关、引线 2) 调整或更换
不热,指示灯亮	电热元件断路或接触不良	更换或清除接触点的锈蚀
一部分发热,另一部分不热	开关损坏或电热元件部分断路	更换开关或电热元件

(续)

故障现象	故障原因	检修方法
熔丝熔断	有漏电或短路处	逐个检查元件与电路，排除短路故障
发热，指示灯不亮	指示灯或限流电阻损坏	更换
恒温器失控，定时器失灵	1）恒温控制器调节故障 2）机械装置故障 3）连接线断开、卡住	1）调整调节螺钉 2）清洗或更换定时器 3）接好连接线，进行调整
漏电	元件、电路绝缘损坏或受潮	采取绝缘措施，干燥处理

应知应会要点归纳

1. 电阻型电热器具的基本结构包括发热器、温度控制器和安全装置三部分。其中发热器是将电能转换成热能的核心部件，温度控制器实现温度自动控制。

2. 电阻型电热器具大多数采用电阻加热方式，如电熨斗、电饭锅、电热饮水器具等。电阻型电热元件按其装配方式和使用场合不同，主要有开启式、罩盖式和密封式三种。

3. 红外线电热器具的电热元件是电热丝，它利用陶瓷、乳白石英管等产生远红外线，辐射给物体加热。红外线电热器件常用于取暖器具和烘箱。

4. 对损坏的电阻型电热元件，较细的常采用缠绕的方法修复；稍粗的可采用包不锈钢皮冲压或置于导电金属槽中冷压；较粗的可采用对焊连接等修复方法。

5. 常用的温控器有按发热强度控制的双金属片式温控器、磁控式温控器和按发热时间控制的定时器。

双金属片式温控器是将热膨胀系数相差很大的两种金属片焊接在一起制作的，利用其受热后产生弯曲变形的特性来控制电路触点的闭合或断开，从而控制电路的通、断，以控制加热的温度。

磁控式温控器（如磁钢限温器）是利用铁磁性物体受热，当温度高于某特定温度（如磁钢限温器为103℃）点时，其磁性消失，失去磁力的特性，使电路触点断开，达到自动控制温度的目的。

6. 电热饮水机加热装置主要由热罐、电热管、温控器及保温壳等组成。热水的温度一般为85~95℃，分别由保温和超温保护温控器控制。当水加热到85℃时，保温温控器动作，切断电源进入保温状态。如保温温控器失灵，水被加热到95℃时超温保护温控器动作，切断电源，防止热罐内的水达到沸点。

7. 底盘可360°旋转的不锈钢电热水壶加热装置主要由蒸汽开关、温控器、发热盘、电源底盘等组成。蒸汽开关是电热水壶的关键部件，烧水时，水沸腾产生的蒸汽通过蒸汽导管使温控器的双金属片弯曲变形，并通过杠杆推动电源开关断开且不可自复位，以达到自动控制温度的作用。

8. 电饭锅的加热装置主要由发热盘、双金属片式恒温器、磁钢限温器、煮饭开关等组成。双金属片式恒温器起保温作用（小功率电饭锅采用罩盖式加热电热丝）。磁钢限温器是一种能准确感温的温控器件，饭煮熟时，当温度达到103℃时，它能使电路自动断电，以免饭被煮焦。

9. 智能电饭锅主要由电源电路、主控电路（加热器电路）、微机控制电路、温度传感器控制电路和显示/提示（报警）电路等组成，在 CPU 内部设计好了控制电饭锅的煮饭程序，电子电路按规定的程序调节加热器加热时间，对锅底温度精准控制。检修智能电饭锅的故障，要对各电器元件的相互关系、各电路单元的控制关系形成完整的认知，再通过对故障电路物理量的检测与科学分析，准确查找故障范围与故障点，排除故障。

10. 排除电热器具的故障时，首先必须分清是电热元件的故障还是温控器件的故障。对于电热元件，只要用万用表测试其阻值，就能确定其好坏；对于温控器件，主要是通过观察在通电加热情况下其动作状态是否正常，或者用万用表测试其常闭触点的阻值来判定其好坏。

模块二

电动器具的原理与维修

电动器具是指将电能转换为机械能的器具。在家用电器中，电动器具占有很大比例，例如电风扇、洗衣机、吸尘器、抽油烟机、食品加工机等，它已成为人们生活中的必需品。电动机是电动器具的核心部件，电动机的运行必须采取相应的控制措施，以适应不同的要求。

项目一　电风扇的原理与维修

• 职业岗位应知应会目标 •

1. 了解单相异步电动机的基本结构与工作原理。
2. 熟悉电风扇的基本结构与控制电路。
3. 会检测、判断电风扇各种控制元件的好坏。
4. 能检修电风扇的常见故障。
5. 会冷风电扇的日常维护。

任务一　电风扇的结构与工作原理认知

电风扇是普及率最广的小家电，主要有台扇、落地扇、转页扇和吊扇等几大类，如图 2-1 所示，它们都是由单相异步电动机带动扇叶旋转，从而达到降温的目的。了解电风扇的结构和调速原理，对正确使用、维护和检修电风扇有很大的帮助。

图 2-1　常见的几种电风扇

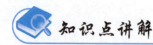 知识点讲解

为了满足人们不同的要求，电风扇设置了各种安全保护与控制功能，如定时、摇头、调速、倾倒自动关机等。

1. 摇头装置

为避免扇叶旋转产生的强烈气流集中吹向某一方位给人造成的不适感，同时为增大气流的覆盖面积，加强室内空气的循环，一般电风扇均设有摇头装置。摇头装置普遍采用杠杆离合器式齿轮传动摇头机构，图 2-2 所示是电风扇摇头装置结构。它由两级减速机构、连杆机构、控制机构与过载保护装置等组成。台式电风扇摇头控制机构的旋钮装在底座面板上，用钢丝拉绳与摇头机构相连。

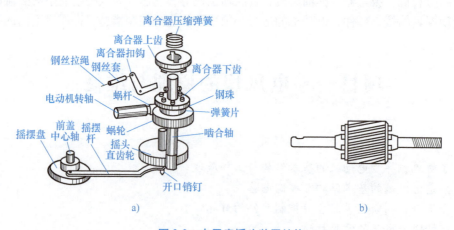

图 2-2 电风扇摇头装置结构
a）齿轮传动摇头机械 b）摇头电风扇转子

电风扇接通电源后，电动机转轴后端的蜗杆与齿轮箱内蜗轮啮合，通过过载保护装置带动离合器下齿一起转动，这是第一级减速。当控制旋钮旋到摇头位置时，钢丝拉绳处于松弛状态，离合器上齿在离合器压缩弹簧的作用下向下移动，与离合器下齿啮合，离合器上下齿一起运动。由于离合器上齿通过啮合轴上的圆销钉与啮合轴连接在一起，所以啮合轴也一起转动。位于啮合轴下端的直齿杆与摇头直齿轮啮合，进行第二级减速。再由摇头直齿轮带动摇摆杆与摇摆盘运动，使扇头来回摆动。经过两级减速后，扇头每分钟摇摆 5~6 次。

当控制旋钮旋至不摇头位置时，钢丝拉绳处于拉紧状态，离合器扣钩顶起离合器上齿，使离合器上下齿脱开，啮合轴停转，风扇头停止摆动。

过载保护装置由弹簧片、钢珠等组成。当风扇头摇摆受阻时，电动机转轴后端的螺杆仍然带动螺轮运动，这时钢珠打滑，不带动离合器下齿转动，从而发出"嗒、嗒"的声响，电风扇停止摇头。若电风扇出现这种情况，应及时切断电源。

电风扇摇头机构常用的三种形式如图 2-3 所示。

2. 定时器

电风扇一般都设有定时装置，电风扇的定时装置普遍采用机械（发条）定时器，它主

图 2-3 电风扇摇头机构常用的三种形式
a) 旋拨式摇头机构 b) 揿拨式摇头机构 c) 电动机控制式摇头机构

要由发条、减速轮系、摆轮等构成。机械定时器常用的有 60min 与 120min 两种。在制造定时器时先将发条上足 7~8 层,通过轴销的限位作用,使发条能量储存在定时器内。使用时,旋转定时器旋钮的主要作用是实现定时时间的设置,而不是靠它上发条。电风扇定时器的工作状态如图 2-4 所示。

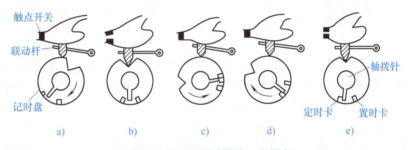

图 2-4 电风扇定时器的工作状态

1) 常闭状态。将定时器旋钮反旋至"ON"位置,轴带动计时盘一起反旋至"ON"位置,联动杆上的 V 形凸头滑出计时盘的凹槽,将定时器内的触点闭合,使电风扇工作于常转不停的状态,如图 2-4a 所示。

2) 常开状态。定时器旋钮处于或回到"OFF"位置,联动杆上的 V 形凸头就滑入计时盘凹槽内,将定时器内的触点断开,使电风扇处于长期停转状态,如图 2-4b 所示。

3) 置时状态。将定时器旋钮正旋至某一定时时间位置,轴带动计时盘一起正转一个定时角度,并且通过联动杆使定时器内的触点闭合,实现定时时间的设定,如图 2-4c 所示。

4) 定时状态。设置定时时间后,定时器就靠发条储存的能量使转轴自动地往初始位置"OFF"方向回转,带动计时盘一起反转。在此过程中,定时器内触点一直闭合,使电风扇运转于定时状态,如图 2-4d 所示。

5) 结束状态。当定时器自动反转返回"OFF"位置时,联动杆上的 V 形凸头再次滑入计时盘上的凹槽,使定时器内的触点断开,电风扇自动停止转动,实现了定时停转。扭动定时器旋钮,应均匀用力,不要冲击或用力猛拧,以免齿轮传动机构受损,如图 2-4e 所示。

3. 调速装置

电风扇一般都能调速,以适应不同场合、不同人群的需要。电风扇的调速方法有:电抗器调速、绕组抽头调速、电容器调速、PTC 元件调速、无级调速等。普通电风扇一般用前两种调速方法。

1）电抗器调速。电抗器调速是将电抗器与电动机绕组串联，变换电抗器的绕组接头即改变串入电动机绕组的线圈匝数，从而来调整电动机所加的电压，以达到调速目的。

电抗器由铁心、线圈、线圈架等组成，如图 2-5 所示。电抗器调速原理如图 2-6 所示。当处于高挡时，电流不经过电抗器调速线圈，这样加在电动机两端的电压为电动机的额定电压，为最高值，转速也最高；当处于低挡时，由于电抗器的分压作用，加在电动机上的电压变小，从而削弱了磁场，降低了转速。当调速开关处于"停止"挡时，电风扇停转。

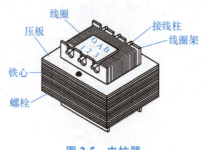

图 2-5 电抗器

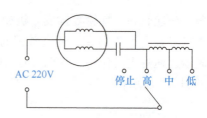

图 2-6 电抗器调速原理

电抗器调速的优点在于各挡的调速比可随意选择，而且调整容易，定子绕组的绕制和维修都比较方便，但它需要外加电抗器，增加了成本，而且电抗器要消耗一定的电功率，电动机在低速挡起动性能差。吊扇常采用这种调速方式。

2）绕组抽头法调速。这种方法不用在电动机外增加电抗器，只要改变定子绕组的绕制方式就可以了。采用绕组抽头法调速，定子绕组除了有主绕组和副绕组外，还要加绕调速绕组（或称中间绕组），在调速绕组的线圈上抽一个或几个头，用转换开关与抽头相接。当转换开关与各挡抽头接通时，可获得不同的主、副绕组匝数比，进而改变电动机转速。绕组抽头调速电动机调速绕组与其他绕组的连接方式主要有 L 形、T 形。

图 2-7 所示是电动机 L 形绕组抽头调速原理，其调速绕组与主绕组或副绕组串联，并且两套绕组嵌放在同一槽内，它们在空间上是同相位的。为了便于接线，调速绕组放在槽的上层。如在调速绕组抽两个头，则可得高、中、低三挡速度。主、副绕组在空间上相差 90° 电角度。高挡时主绕组承受电压最高，低挡时主绕组承受电压最低。

图 2-8 所示是电动机 T 形绕组抽头调速原理，调速绕组接在主、副绕组回路以外，而在空间上与主或副绕组同相位。其原理与 L 形绕组抽头调速相仿，但更接近电抗器调速。

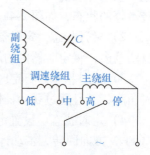

图 2-7 L 形绕组抽头调速原理

3）电容器调速。图 2-9 所示是电容器调速原理，图中 C_1 为电动机运转电容器，C_2、C_3 为调速电容器，电容器调速原理是交流电会在电容上产生电压降，从而改变电动机的端电压，这与电抗器降压调速原理一样。这种调速方法的优点是在中速、低速挡运行时不增加电源的消耗功率且起动转矩大，缺点是成本高。

4）PTC 元件调速。利用 PTC 元件随温度升高电阻值变大的特性，将这种元件接在绕组抽头调速电路中，起调速作用。图 2-10 所示为 PTC 元件调速电路图，当调速开关置于 4，刚接通电源时，PTC 元件温度低，电阻值极小，这时电风扇的起动转矩相当于中速挡 2。随着工作电流的增加，在 PTC 元件上产生的热量也增加。当电风扇正常运转后，PTC 元件自身温度不断升高。当温度超过一定值时，PTC 元件的电阻值急速增大，使电源在 PTC 元件上产生较大电压降，这样电动机上的电压相对变低，从而获得微风转速。

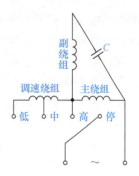

图 2-8　T 形绕组抽头调速原理

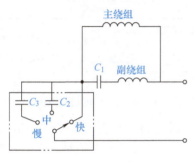

图 2-9　电容器调速原理

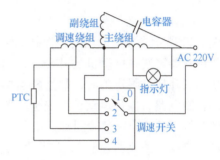

图 2-10　PTC 元件调速电路图

PTC 元件调速方法的优点是当电风扇使用慢速挡时，既能使电风扇顺利起动，又能实现微风挡的效果。

5）无级调速。电风扇无级调速通常采用双向晶闸管作为控制电动机的开关，通过控制晶闸管导通角的大小来控制晶闸管的输出电压，达到控制电动机转速的目的。

图 2-11 为采用双向晶闸管的无级调速电路，电路由主电路和触发电路组成。VU 为双向二极管，VT 为双向晶闸管。电源开关 S、双向晶闸管 VT、电感 L、电动机 M 与电源构成主电路。当 S 闭合且 VT 导通时，电动机 M 得电运转，电位器 RP、电阻 R_1、R_2、R_3 和电容器 C_1 及 VU 构成 VT 的触发电路。电源通过 RP、R_1、R_3 给 C_1 充电，调节 RP 的阻值，可改变 C_1 充电电压达到 VT 门极触发电压的时间，使 VT 的导通角随之变化，从而连续改变电动机

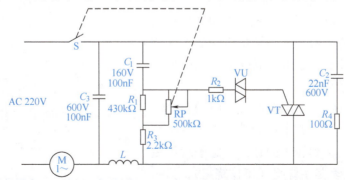

图 2-11　无级调速电路

M 两端的电压，实现无级调速。接入电路的 RP 阻值越小，VT 导通角越大，电动机 M 转速越快，反之则越慢。L 和 C_3 组成低通滤波器，用来防止电路中的高次谐波对附近电子设备的干扰。R_4 和 C_2 作为感性负载（电动机）的浪涌电压吸收回路，保护 VT 不被感性负载的感应电动势击穿。

在有些无级调速电路中，用氖管取代电路中的 VU。当电容器 C_1 上的电压达到氖管的阻断电压时，氖管点亮，此时有一脉冲加到双向晶闸管 VT 的门极，使 VT 导通。调节 RP 就可连续调节 VT 导通角的大小，实现无级调速，同时氖管兼作电源指示灯用。

4. 鸿运扇控制电路分析

图 2-12 所示是典型的鸿运扇控制电路图。热熔断器安装在电动机的外壳上，当电动机的温升超过限定值时，热熔断器熔断切断控制电路，保护电动机。安全开关

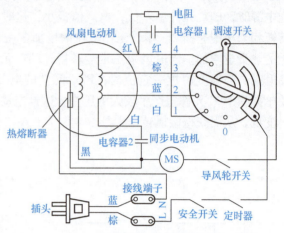

图 2-12 典型的鸿运扇控制电路图

是一个防倒开关，当风扇倾倒时，安全开关断开，切断电源电路。调速开关置于 4 挡时，转速最高；调速开关分别置于 3、2 挡时，转速依次减小；调速开关置于 1 挡时，由电容器 1、电阻降压后加载到电动机上，此时转速最低，断电后电容器 1 通过电阻放电。

一、器材准备

单相异步电动机、转页扇（鸿运扇）各一台，2μF/400V 电容器一只，万用表一块，电工工具一套。

二、单相异步电动机的结构与工作原理

1. 单相异步电动机的结构观察

认真观察图 2-13 中用于洗衣机的单相异步电动机的结构，它的结构与三相异步电动机大体相似，主要由笼型转子、定子（其铁心槽内嵌放单相绕组）及附件等组成。

定子由定子铁心、定子绕组、前（后）端盖、前（后）轴承等组成，其中前后端盖支承着整个电动机并起保护定子和转子的作用。定子绕组由两套绕组组成：一套是主绕组（工作绕组），另一套是副绕组（起动绕组）。两套绕组沿定子的内圆

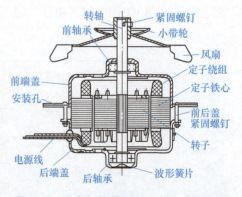

图 2-13 洗衣机的单相异步电动机的结构

相隔90°的电角度嵌放,以建立旋转磁场。

2. 单相异步电动机的起动试验

1) 在单相异步电动机任意一套绕组加上220V交流电,电动机都不能起动。如用手向任一方向转动,电动机就向该方向旋转。这种情况说明单相异步电动机没有起动转矩。

2) 将定子绕组中任意一套接上合适容量电容,加上220V交流电,电动机就转动起来,如图2-14所示。这说明加上电容后,电动机就有了起动转矩。

如电动机起动后,断开电容 C,电动机仍能继续运行,这种电动机称为电容起动式单相异步电动机;如电动机起动后,电容与起动绕组仍继续工作,这种电动机称为电容运行式单相异步电动机。

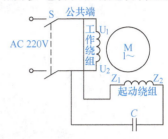

图 2-14 单相异步电动机的起动电路

结论:单相异步电动机必须有两套在定子内圆互成90°电角度的绕组,这两套绕组分别称为工作绕组与起动绕组,起动绕组串联电容后与工作绕组并联,加上220V交流电,电动机就能起动了。这个电容称为起动电容,两套绕组不接电容的连接端称为公共端。一般情况下,小功率单相异步电动机的公共端在电动机内部已连接并引出一根线,这样,电动机就只有三根引出线:公共端线、工作绕组引出线、起动绕组引出线。

3. 单相异步电动机的正反转试验

如图2-15所示,开关S与a相连接,绕组U为工作绕组,电容 C 与绕组Z串联,绕组Z为起动绕组,电动机正转。再将开关S与b相连接,绕组Z为工作绕组,电容 C 与绕组U串联,绕组U为起动绕组,电动机反转。

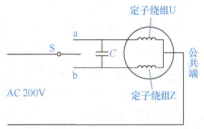

图 2-15 单相异步电动机的正反转电路

结论:当单相异步电动机的工作绕组与起动绕组的功能互换时,电动机就会反转。

注意,这种方法只适用于两套绕组的参数(线径、匝数、线圈数)相同的情况,如洗衣机电动机的绕组和反转控制方法就是如此。对于其他形式的单相异步电动机,其工作绕组与起动绕组中任一绕组的首端与尾端对调后接入电源,即可改变磁场的旋转方向,从而改变电动机的转向。

三、电风扇的拆装与结构认识

电风扇主要由单相异步电动机、扇叶、调速机构等组成,台扇和落地扇还有网罩、摇头机构、支架、底座和定时器等部件。图2-16所示是鸿运扇的结构图,它由一台风扇电动机(主电动机)和一台风轮电动机构成。风的方向由风轮电动机拖动风轮进行自动控制(也有风轮不用电动机拖动而利用风力推动的自转动结构),其中风扇电动机为电容运行单相异步电动机,风轮电动机则为只有一组定子绕组的单相异步电动机,它本身没有起动转矩,必须在主电动机转动后依靠风力吹动风轮时产生的起动外力起动旋转。由于该起动外力的方向是不确定的,所以风轮的旋转方向也不确定,但这并不影响其功能。如需将风的方向固定不动,则只需断开风轮电动机的电源开关即可。

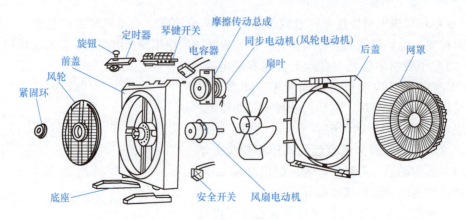

图 2-16　鸿运扇的结构图

图 2-17 所示是鸿运扇的背部图,请参照图 2-16 拆装该鸿运扇。电风扇的拆装一般比较简单,通常不需要专用工具,拆卸前先仔细观察其结构,确定拆卸的顺序。鸿运扇拆卸顺序如下:

拆卸后端的风扇网罩→扇叶→拧下紧固环,取下风轮→拧下风扇后盖与前盖之间的固定螺钉,取下后盖→取下风扇电动机。认真观察鸿运扇内部元器件布局与接线。

鸿运扇的装配方法与拆卸过程相反,即先拆的部分后装、后拆的部分先装。

图 2-17　鸿运扇的背部图

任务评价

任务评价标准见表 2-1。

表 2-1　任务评价标准

项　　目	配分	评价标准	得分
知识学习	40	1) 了解单相异步电动机的结构与工作原理 2) 懂得单相异步电动机两套绕组与起动电容的作用 3) 了解电风扇的摇头机构与调速装置 4) 会分析鸿运扇控制电路	
实践	50	1) 会连接并进行单相异步电动机的起动试验 2) 会连接并进行单相异步电动机的正反转试验 3) 能熟练拆装鸿运扇	
团队协作与纪律	10	遵守纪律、团队协作好	

思考与提高

1. 单相异步电动机由 _____ 绕组和 _____ 绕组组成，其中 _____ 绕组串联 _____ 帮助起动。
2. 如果单相异步电动机的两套绕组参数相同，则最简单的反转方法是 _____。
3. 电风扇常用的调速方法有 _____ _____。
4. 试分析图 2-18 所示鸿运扇电路的工作原理。

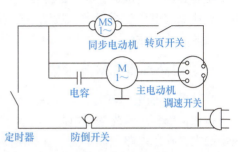

图 2-18　鸿运扇电路

任务二　电风扇的常见故障检修

 任务引入

不同电风扇设计制造质量、使用与保养等方面往往有较大的差别。电风扇的故障原因也各不相同。电风扇的常见故障可分为两大类：电气故障与机械故障。

 做中学

一、器材准备

鸿运扇（转页扇）一台，2μF/400V 电容器一只，万用表一块，绝缘电阻表一块，电工工具一套。

二、电风扇维修程序

1. 向用户询问情况

询问用户电风扇的使用情况与故障情况。例如，用户的电源电压是否正常，故障发生时电风扇有无冒烟、有无焦煳味等。

2. 检查外观与各操作开关、旋钮

检查电风扇外观有无锈蚀、破损等，判断电风扇的老化程度与使用、保养情况。检查电源线与电源插头有无破损、松动等，检查各操作开关、按钮与旋钮是否操作灵活。

3. 检查机械部分

切断电源，以手拨动扇叶，观察转动是否灵活，轴向推一推扇叶，观察轴向窜动是否过大，检查摇头机构的功能是否正常。

4. 检查电气部分

首先检查电容器是否良好，有无断路、短路、容量不足等故障；然后用万用表与绝缘电阻表检查电动机、电抗器的绕组电阻值、绝缘电阻值,以分析、判断电动机、电抗器有无断路、短路、绝缘损坏等故障;再用万用表检测调速电路接触是否良好等。

5. 维修完毕,测试并通电试运转

维修完毕,应该进行必要的测试,用万用表、绝缘电阻表检测绕组的直流电阻、绝缘电阻,检测电源电压是否正常,拨动扇叶看转动是否灵活等。正常后,再对电风扇通电试运转,此时应该注意倾听有无异常声音、观察转动是否平稳等。

三、电风扇常见故障检修

1. 电风扇通电后不转,且无任何声响

按照检修程序,先进行电源、机械等外部检查。电源部分正常,拆开电风扇的底座对电风扇的电气控制电路逐段检测,查找断路点,同时检查开关、旋钮、按键的触点是否接触良好。图 2-19 所示是拆开电风扇的底座后看到的电气控制电路。

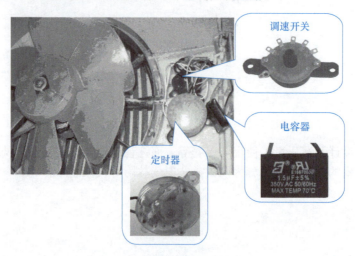

图 2-19 电风扇电气控制电路

(1) 调速开关检测 如图 2-20 所示,用万用表 R×1 挡检测调速开关各触点是否闭合良

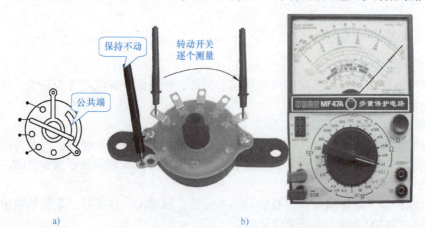

a)   b)

图 2-20 调速开关检测

a) 内部结构 b) 检测过程

好。将其中一支表笔固定于公共端保持不动,转动调速开关至每一个挡位,另一支表笔也随着测量每一个端点,检查开关每个触点闭合情况,正常情况下每个端点的电阻值都应为 0。经查电阻值都为 0,说明触点闭合良好。

(2) 定时器检测 转动定时器旋钮,通过其透明的塑料外壳观察定时器的机械部分运行是否正常,观察其触点是否闭合或是否有烧蚀的情况。用万用表 R×1 挡检测其触点是否闭合良好,正常情况下电阻值应为 0,如图 2-21 所示。经查电阻值为 ∞,说明触点接触不良,可轻轻拆开外壳检修或更换。

(3) 电容器检测 电风扇电容器的容量一般在 1~6μF,功率大的电风扇,所配电容器也较大。检测电容器时,应先将电容器与电动机分离开,进行开路检测以保证检测准确性,如图 2-22 所示。在使用万用表对电容器进行检测时,若电容器是在通电后进行检测,则要将电容器两引线连接(短接)放电,再进行测量。

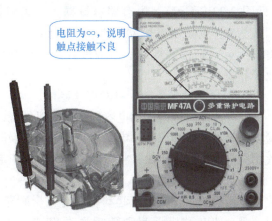

图 2-21 定时器检测

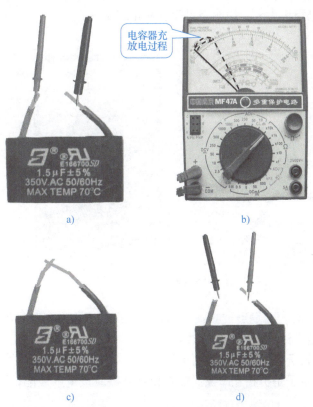

图 2-22 电容器检测方法

a) 两表笔分别接电容器两极 b) 万用表指针显示 c) 电容器短接放电 d) 交换表笔

将指针式万用表置于 R×10k 挡（或 R×1k 挡），两表笔分别接电容器两极，正常情况下，表针迅速摆向 0 后又慢慢向 ∞ 返回并稳定在 ∞ 处，如图 2-22a、b 所示；将电容器短接放电，如图 2-22c 所示，交换两表笔如图 2-22d 所示，表针摆动重复上述过程（即图 2-22b 所示）。电容器容量越大，表针摆动的角度就越大。测量时如果万用表的读数为 0，则说明电容器内部击穿短路；如果测量时万用表指针没有摆动过程，而是始终指示 ∞，则说明该电容失效或开路。经检测，该电容器是好的。恢复电路通电试验，故障排除。

2. 电风扇通电不转，且发出"嗡嗡"声，断电后用手拨动扇叶，转动灵活

这种故障一般是起动电容器或电动机的绕组出了问题。本着先简单后复杂的原则，首先检查电容器的好坏。如果电容器有问题，更换时应尽量采用原型号、原规格的电容器。如果代用的电容器容量不足，将造成电风扇电动机起动困难、转动无力。

一般电风扇电动机每 100W 功率配用 4~6μF 的电容器。

电动机的工作绕组或起动绕组有一个断路，即两个绕组中只有一个通电，另一个不通电，都会使电动机无起动转矩而发出"嗡嗡"声，此时应该更换电动机。检测方法如图 2-23 所示，黑色线为两套绕组的公共端，用万用表 R×10 挡检测绕组间的电阻值。将黑表笔固定于公共端并保持不动，红表笔逐个测量每一个引出导线端（包括绕组抽头）与公共端的电阻：若彼此间有一定的电阻，说明电动机的绕组是好的；若电阻值为 0，说明绕组间有短路现象；若电阻值为 ∞，说明绕组间有断路现象。

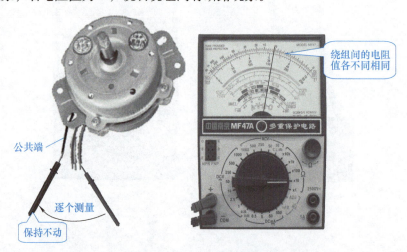

图 2-23 电动机绕组检测方法

3. 电风扇通电不转，且发出"嗡嗡"声，断电后以手拨动扇叶，不能转动

这种故障主要是机械故障，主要检查如下：

1）检查定子和转子之间是否有油污堵塞。

2）检查转子和定子是否相互摩擦。如果相互摩擦应该重新装配，消除摩擦，保持定子和转子之间的气隙。

3）检查转轴与轴承是否因长期缺油，严重润滑不良而"咬死"，若是，应适当加润滑油。

4. 鸿运扇的导风轮不转动，但扇叶能够转动

主要检查如下内容：

1）导风轮帽盖未调节好或破损。
2）橡胶摩擦轮卡死。
3）导风轮开关接触不良或失灵。
4）同步电动机减速齿轮损坏。
5）同步电动机不转。

任务评价

任务评价标准见表 2-2。

表 2-2 任务评价标准

项　　目	配分	评 价 标 准	得分
知识学习	20	1）熟悉电风扇的维修程序 2）懂得电风扇检修的基本方法	
实践	70	1）会检测电风扇电动机的好坏 2）会检测电风扇各控制元器件 3）能熟练排除鸿运扇的常见故障 4）会冷风电扇的日常维护	
团队协作与纪律	10	遵守纪律、团队协作好	

思考与提高

1. 电风扇的维修程序一般包括＿＿＿＿＿、＿＿＿＿＿、＿＿＿＿＿、检查电气部分和维修完毕，测试并通电试运转。
2. 用万用表电阻挡检测电容器好坏的实质是＿＿＿＿＿＿＿＿＿＿＿＿＿＿＿＿＿＿。
3. 电风扇在某调速挡位上不能运行，请试分析故障原因。
4. 说一说电动机绕组的检测方法。

任务三　冷风电扇的结构认知与日常维护

任务引入

冷风电扇是近年风扇家族的新品，它以冰水为介质，送出低于室温的冷风。与普通电风扇相比，它具有送风、降温、净化空气和加湿等功能，给人以清凉畅快的感觉，深得广大消费者的喜爱。

做中学

一、器材准备

冷风电扇一台、万用表一块、电工工具一套。

二、冷风电扇的结构观察

图 2-24 所示为冷风电扇柜式外型及典型结构图，它主要由送风、导风、降温、控制机构等组成。送风机构主要由防尘网罩、风扇电动机和滚轮扇叶等组成。导风机构由导风电动机、连杆、导风片等组成。降温机构主要由潜水泵、滚轮、冰水盒、冰水湿帘蒸发器、过滤网等组成。控制机构由安装在操作面板上的潜水泵控制开关、风速开关、摆风开关等组成。柜式结构的底部装有便于移动的万向脚轮。

三、冷风电扇工作原理

如图 2-25 所示为冷风电扇工作原理简图，它实际上是一个装有水冷循环装置的电风扇。众所周知，液体蒸发需要从周围介质中吸收热量。蒸发量越大，吸收的热量就越多，周围介质温度下降就越快。冷风电扇工作时，水泵将冷水盒的冰水抽到风扇上方的积水盒，通过多孔滴水器喷淋到下面冰水湿帘蒸发器上，风扇电动机带动高速旋转的滚轮扇叶，在风扇箱体内形成负压，强制热空气快速通过冰水湿帘蒸发器，冰水蒸发带走热量，使热空气的温度下降，出风口送出清凉的风。冰水湿帘蒸发器上没被蒸发的水由回水管流回冷水盒进入循环。

冷风电扇是通过冷水不断蒸发吸收周围空气中的热量使空气冷却的，因此，它又被称为蒸发式冷风扇。冰水湿帘一般采用波纹植物纤维材料多层叠合而成，与空气的接触面积大、受阻力小、空气流动快，所以降温效果明显。为了使水箱中的水温尽可能低，大多数冷风电扇在水箱中放入冰晶（袋）。有的冷风电扇还在防尘网罩上附有活性碳，可以除去空气中的有害物质和异味。

四、冷风电扇的日常维护

冷风电扇的核心部件是电动机，其控制电路和控制方式与普通电扇相同，其电气故障及排除方法与普通电扇类似。因此，本任务我们主要学习冷风电扇的日常维护。

1. 冷风电扇防尘网罩和冰水湿帘蒸发器的清洗

冷风电扇经过长时间运行后，防尘网罩、冰水湿帘蒸发器等因灰尘、污物阻塞而影响风量和制冷效果，最好两至三周对其清洗一次。清洗前必须拔掉电源线，认真观察机体，如图 2-24b 所示的背面结构。具体方法：用螺钉旋具拧松机身后防尘网罩上部螺钉→用手将防尘网罩上部的两个卡扣向下压即可将防尘网罩（过滤热空气中的杂质）取下→再用螺钉旋具拧松安装在冰水湿帘蒸发器栅格周围和中间的紧固螺钉→取下栅格。用清水调和适当浓度的洗涤剂清洗防尘网罩，之后用清水冲洗。冰水湿帘蒸发器连同栅格一起放入容器内用清水调和适当浓度的洗涤剂浸泡、清洗，再用清水冲洗。最后按后拆先装的顺序将冰水湿帘蒸发器、防尘网罩安装回原处。

模块二 电动器具的原理与维修

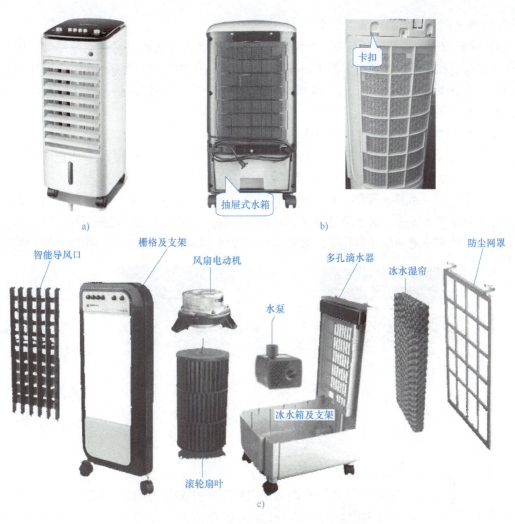

图 2-24 冷风电扇柜式外型及典型结构图
a）正面结构 b）背面结构 c）冷风电扇柜式结构图

2. 冷风电扇降温效果差的维护

1）冷风电扇经过较长一段时间运行后，冰水湿帘容易结垢失效，大大降低降温效果，应注意对冰水湿帘进行日常清洗。如果肉眼可见冰水湿帘结垢达到1/3面积时，应对其进行更换，以确保运行效果。

2）检查水箱是否有水。使用中应保持水箱有适量清水，注意合理使用冰晶（袋）。冷风电扇采用冰晶（袋）对水进行降温，因此，电扇不使用时应将冰晶（袋）放在自家冰箱冷冻室里冷冻。正常使用时，在风扇水箱注水后放入两块冰晶（袋）降温效果会很好，也可将两块冰晶

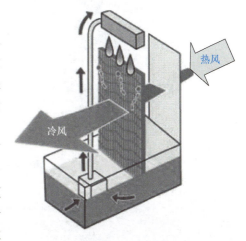

图 2-25 工作原理简图

59

(袋)轮流使用与冷冻,效果也很好。

3) 降温效果与空气湿度有关。冷风电扇是通过冷水蒸发吸收热量使空气冷却,因此其降温幅度与所在地区和当日空气湿度有关。在低湿度地区如我国中西部地区,其降温幅度可达10℃,高湿度地区如广东,其降温幅度可能只为2~4℃,高湿闷热天气比干燥炎热天气降温效果差一些。

3. 冷风电扇降温效果差的故障维修

冷风电扇降温效果差可能是供水系统出了故障,供水系统包括潜水泵、水位开关、供水管等,检查冰水湿帘是否有水就可做出判断。

(1) 水管破裂或接头脱落 抽出水箱可见供水系统,如图2-26所示。由外观可检查水管是否破裂或接头脱落,潜水泵过滤网罩是否堵塞等。如水管破裂,则需更换水管;如水管接头脱落,则需重新插好并捆扎好;如潜水泵过滤网罩堵塞,则清除罩堵物即可排除故障。

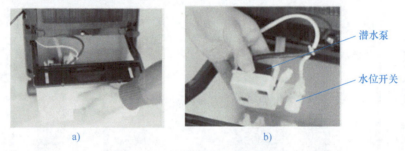

图2-26 供水系统检查
a) 抽出水箱 b) 取下潜水泵及水位开关

(2) 潜水泵或水位开关损坏

1) 潜水泵损坏。用万用表R×100挡测量潜水泵两引线间电阻值,判断其是否损坏,如图2-27所示,正常潜水泵电阻值约为3.5kΩ。若测量值无穷大或过小,说明潜水泵损坏,应更换同规格潜水泵。

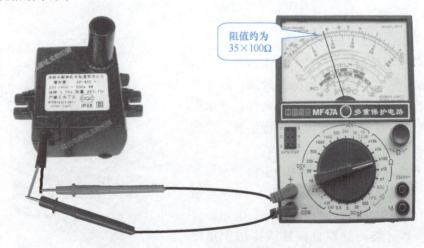

图2-27 潜水泵检测

2)水位开关损坏。水位开关串联在潜水泵控制电路中,如水位开关损坏,潜水泵将无法得电。将水位开关检测头置于水中一定深度,用万用表 R×10 挡测量水位开关两引线间电阻值,正常电阻值应为 0,否则表明损坏或接触不良。

若没有万用表,则可拆下水泵直接接 220V 市电,若潜水泵转动,说明潜水泵是好的。若不供水,且潜水泵是好的,则说明水位开关坏了,更换即可。

五、使用注意事项

1)长时间不使用或换季停止使用时,应将水箱、水槽、防尘网罩、冰水湿帘蒸发器、防静电过滤网进行清洗,用清水(或加少量清洗剂)擦拭机器外壳,然后关闭水泵电源,开启风机,对冰水湿帘进行干燥处理,防止滋生霉菌,再将其入箱放好;夏季开始使用前,应检查冰水湿帘、防尘网罩等是否有霉菌、虫蚁或堵塞,是否有异味,供水系统是否畅通,风道是否有灰尘,电源布线是否完好,检查全部完好才可放心使用。

2)使用冷风电扇的房间应能适当通风,密闭房间反而不能起到降温作用。因为水在房间蒸发带走的热量和水蒸气凝结释放的热量相等。长时间使用,房间内的湿度会变成 100%,对身体不利。

3)有风湿病、关节炎或体质湿寒的人群,可能会加重或者诱发病痛,因此不建议使用。

任务评价标准见表 2-3。

表 2-3 任务评价标准

项 目	配分	评 价 标 准	得分
知识学习	45	1)了解冷风电扇的基本结构和工作原理 2)熟悉冷风电扇各器件的作用 3)懂得冷风电扇日常维护常识	
实践	45	1)能熟练拆、装冷风电扇 2)能正确清洗冰水湿帘 3)能正确分析冷风电扇常见故障 4)能检修冷风电扇供水系统故障	
团队协作 与纪律	10	遵守纪律、团队协作好	

1. 冷风电扇降温机构主要由_____、滚轮、冰水盒、_____蒸发器、_____等

组成。冷风电扇的功能控制开关安装在_____。

2. 冷风电扇降温效果差且送风干燥，故障原因是_____系统故障，该系统主要由_____、_____、_____等组成。

3. 冷风电扇潜水泵的好坏可通过测量潜水泵电源引线间电阻值来判断。用万用表 R×100 挡测量，若测量值_____或_____，说明潜水泵损坏，应更换同规格潜水泵；潜水泵电阻值约为_____kΩ，说明是好的。

4. 简要说明冷风电扇工作原理。

知识拓展　电吹风简介

电吹风在人们的日常生活中使用较多，也是居家必备。家庭使用的电吹风功率比较小，一般在 500W 左右。

1. 电吹风的种类和规格

电吹风种类很多，分类方法也多。按所用的电动机不同可分为单相罩极式、交直流两用串励式和直流永磁式三种。根据送风方式可分为离心式、轴流式和滚筒式三种。按功率大小可分为 250W、350W、450W、550W、750W 以及 1000W 等多种。

2. 电吹风的结构及组成

电吹风虽然在形式、款式和大小上有很大不同，但它们的内部结构大体相同，主要由电动机、扇叶、电热元件、开关及机壳、手柄等组成，如图 2-28 所示。

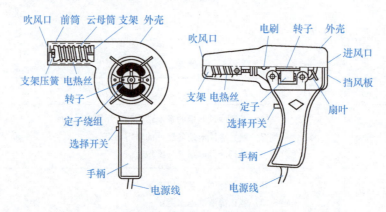

图 2-28　电吹风的结构

3. 电吹风的工作原理

图 2-29 所示是直流永磁式电动机的电吹风电路，图中电热丝的温度（即通过的电流大小）和直流永磁式电动机的转速（即两端电压的大小）取决于双向晶闸管导通角的大小。该电路利用电热丝 EH_1 两端电压经桥式整流后向电动机提供直流电。

现在电吹风不断改进，部分产品在发热元件上串联了一组恒温自动控制元件，它可以在风筒正常工作的情况下，自动接通电路，遇到特殊情况（如电热元件过热等现象）时切断电路，如图 2-30 所示。

模块二　电动器具的原理与维修

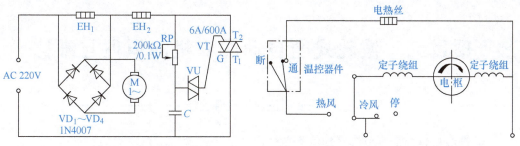

图 2-29　直流永磁式电动机的电吹风电路　　图 2-30　电吹风恒温自动控制电路原理图

项目二 波轮式全自动洗衣机的原理与维修

• 职业岗位应知应会目标 •

1. 熟悉波轮式全自动洗衣机的基本结构。
2. 能熟练拆装波轮式全自动洗衣机。
3. 会检测、诊断波轮式全自动洗衣机各部件的好坏。
4. 能排除波轮式全自动洗衣机的常见故障。

任务一 波轮式全自动洗衣机的结构认知

任务引入

全自动洗衣机能够自动完成进水、预洗、洗涤、漂洗、排水与脱水，有的还能进行自动烘干等。全自动洗衣机洗衣全部过程不用人工参与，真正做到了省时、省力，将人们从繁重的家务劳动中解放出来。许多家庭选择了全自动洗衣机，因此，学习全自动洗衣机的维修方法就显得极为重要。

知识点讲解

洗衣机是以电动机为动力洗涤衣物的机电一体化产品。家用洗衣机有波轮式和滚桶式两种，且多为全自动洗衣机。图 2-31 所示是波轮式全自动洗衣机，用户通过操作面板上的按键输入洗涤指令，洗衣机就会按照选择的洗衣程序，从进水、预洗、洗涤、漂洗、排水到脱水，整个过程全自动进行，完毕后会自动报警和停机，洗衣过程中不用人工参与。

波轮式全自动洗衣机的洗涤桶和脱水桶合二为一，这个桶通常称为甩干篮，它

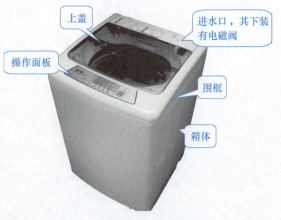

图 2-31 波轮式全自动洗衣机

兼有洗涤和脱水的功能，这种洗衣机又被称为套桶式洗衣机，将甩干篮（内桶）和盛水桶（外桶）同轴套在一起。

模块二　电动器具的原理与维修

掀开洗衣机上盖就可看到其内部结构，如图2-32所示。波轮位于洗涤桶的底部，洗衣时，电动机拖动波轮正、反向转动，带动水流、衣物顺向与逆向旋转，使衣物上下翻滚与水流、桶壁碰撞、摩擦，使洗涤剂不断地渗入到衣物的纤维中去，将衣物内部污垢排出。波轮不停地正、反向转动，起到揉搓和冲刷作用，加速污垢从衣物纤维上析离，完成洗衣过程。

图2-32　波轮式全自动洗衣机内部结构

　做中学

波轮式全自动洗衣机包括洗涤（脱水）与传动系统、进排水系统、支承减振系统和电气控制系统等几部分。

1）拆去洗衣机围框与桶圈，可观察到洗衣机内、外桶结构及吊杆（支承减振），如图2-33所示。

2）拆去洗衣机后背盖和底座，可观察到传动系统、进排水系统结构，如图2-34、图2-35所示。

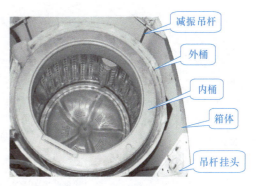

图2-33　洗衣机内、外桶结构

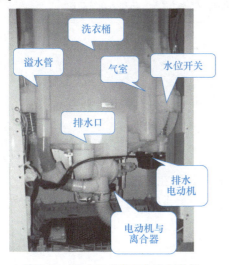

图2-34　洗衣机后背部与底部结构

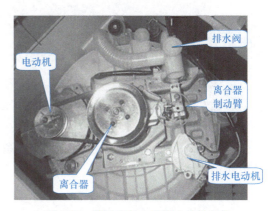

图2-35　传动系统、进排水系统结构

3）拆卸操作面板，可观察到电气控制系统内的程控器，如图2-36所示。

　任务评价

任务评价标准见表2-4。

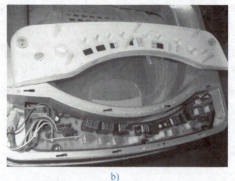

a) b)

图 2-36 电气控制系统内的程控器

a）机电式程控器　b）微处理器式程控器

表 2-4 任务评价标准

项　目	配分	评价标准	得分
知识学习	40	1）了解波轮式全自动洗衣机的组成部分 2）了解波轮式全自动洗衣机的洗衣原理	
实践	50	1）能认真观察波轮式全自动洗衣机洗内、外桶结构 2）能认真观察波轮式全自动洗衣机传动系统、进排水系统结构	
团队协作与纪律	10	遵守纪律、团队协作好	

思考与提高

1. 家用洗衣机有＿＿＿＿和＿＿＿＿两种。
2. 波轮式全自动洗衣机的＿＿＿＿桶和＿＿＿＿桶合二为一，这种洗衣机又被称为＿＿＿＿桶式洗衣机，即将＿＿＿＿桶和＿＿＿＿桶同轴套在一起。
3. 波轮式全自动洗衣机包括＿＿＿＿系统、＿＿＿＿系统、＿＿＿＿系统和电气控制系统等几部分。

任务二　洗衣机洗涤与传动系统的原理及维修

任务引入

洗涤与传动系统是洗衣机的核心部分，通过电动机、离合器带动波轮进行洗涤并拖动内桶高速旋转完成脱水功能。

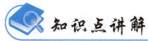

1. 波轮式全自动洗衣机洗涤与传动系统的结构

波轮洗衣机的洗涤与传动系统主要由桶圈、平衡环组件、波轮、脱水桶、盛水桶、电动机、离合器、溢水管、传动带和保护支架等组成,图2-37所示为波轮式全自动洗衣机机械传动系统基本结构图。

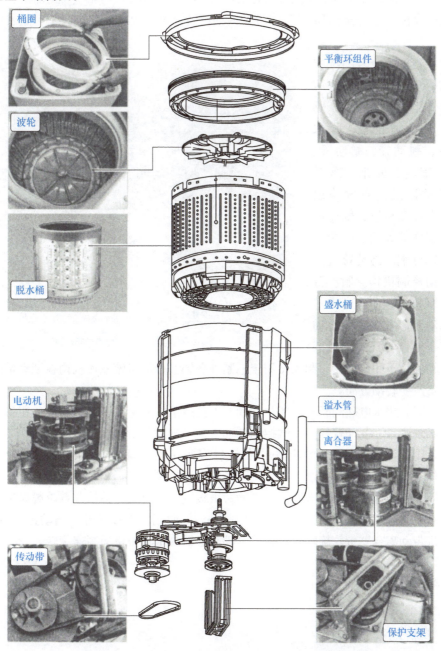

图2-37 波轮式全自动洗衣机机械传动系统基本结构图

2. 离合器

离合器是波轮式全自动洗衣机实现洗涤与脱水功能转换的关键部件。电动机运行时通过 V 带将动力传送到离合器上，离合器就可实现洗涤、漂洗时的低速旋转和脱水时的高速旋转，在脱水结束时进行刹车制动。减速离合器的动作受排水电磁阀的控制，有洗涤和脱水两种状态。洗涤或漂洗时，电动机运转，通过减速离合器降低转速，带动波轮间歇正反转进行洗涤或漂洗，此时脱水桶（内桶）不转动；脱水时，通过电气控制，使排水电磁阀吸合而自动排水，同时使离合器的扭簧抱紧离合器的外轴（波轮轴），内轴（脱水轴）、外轴一起做单向高速旋转（即离合器不减速），带动内桶旋转，进行脱水，此时波轮也随着脱水桶一起运转。

目前，波轮式全自动洗衣机通常使用减速离合器，减速离合器的外部结构如图 2-38 所示，它主要由波轮轴、脱水轴、扭簧、制动带、制动臂、离合杆、棘轮、棘爪、离合套、外套轴以及齿轮轴等组成。其中离合套和齿轮轴连成一体，外部嵌装棘轮、带轮紧固在齿轮轴外端。制动臂是一个杠杆联动控制机构。制动臂的头部装有棘爪，动作由排水电磁阀的动铁心控制。脱水轴又称上离合轴，与洗衣机内桶

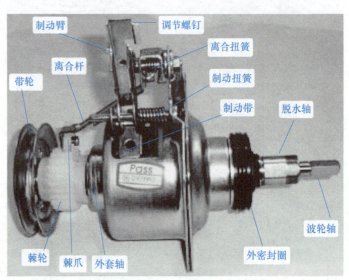

图 2-38　减速离合器的外部结构

相连。波轮轴用于固定波轮。制动带用于抱紧外套轴。行星齿轮减速机构在制动带内，只降低转速，不改变转动方向。

洗涤期间，排水电磁阀断电关闭。制动臂上的棘爪将棘轮拨过一个角度，扭簧松开，离合套和脱水轴脱离；制动臂的另一端控制制动带使之抱紧制动盘。当电动机带动离合器带轮旋转时，带轮只带动洗涤轴（波轮轴），使波轮旋转（双相间歇换向）；而脱水轴被制动带抱紧，再加上脱水轴扭簧的控制，脱水轴不能被电动机带动。

脱水期间，排水电磁阀通电开启。制动臂被拨过一个角度，棘爪和棘轮脱离接触，抱簧将离合套和脱水轴抱住，使之连成一体产生联动。同时制动带被松开，制动盘不再被抱紧。即当电动机带动离合器带轮旋转时，带轮带动离合器脱水轴做单向高速旋转。

做中学

一、器材准备

波轮式全自动洗衣机一台，电工工具一套，万用表一块。

二、波轮式全自动洗衣机洗涤、传动系统的拆卸与结构观察

认真观察已经拆开围框的波轮式全自动洗衣机。

1. 波轮

波轮通过螺钉固定在离合器的内轴上,安装在洗衣桶内,波轮的拆卸过程如图 2-39 所示。拆下波轮可观察到洗衣机波轮的特有结构:为了使波轮与离合器波轮轴相啮合,特将波轮孔内壁制作成花键孔状。由于波轮频繁地正、反向旋转,容易使花键孔受损变圆,导致离合器波轮轴转动而波轮不转的故障,因此,**在检修时要特别注意这一点**。

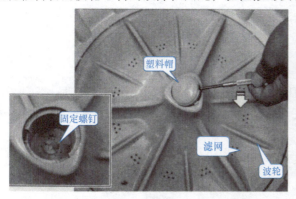

a)

b)

图 2-39 波轮的拆卸过程

a)波轮的拆卸 b)波轮孔的结构

2. 洗涤桶

波轮式全自动洗衣机洗涤桶主要分为内桶(脱水桶)和外桶(盛水桶)两部分(见图 2-37),其中内桶上带有平衡环组件,外桶上带有桶圈和溢水管。内桶的主要功能是盛放衣物,在洗涤或漂洗时配合波轮完成洗涤或漂洗功能,是固定不动的;在脱水时高速旋转,成为离心式脱水桶。平衡环组件是用塑料制成的内侧设有若干块隔板的空心圆环圈,圈内注有高浓度的盐水(此种溶液冰点较低,在高寒地带冬季也不结冰),盐水占圈容积的 70%。当桶高速旋转时,平衡环内的液体会自动流向与衣物偏沉侧的相对侧,使洗涤桶取得平衡,减少了振动和噪声。平衡环的工作原理如图 2-40 所示。

内桶是通过法兰固定在离合器脱水轴上的,而外筒则是通过吊杆组件固定在箱体上的。

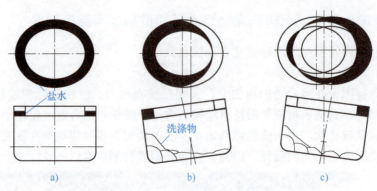

图 2-40 平衡环的工作原理
a）静止状态 b）静止状态 c）脱水状态

也就是说，外筒是固定不动的，而内桶则根据工作状况的不同或运转或不动。

取下波轮后，就可以看到波轮底下脱水桶（内桶）与盛水桶（外桶）的固定螺母以及离合器上的波轮轴，如图 2-41 所示。

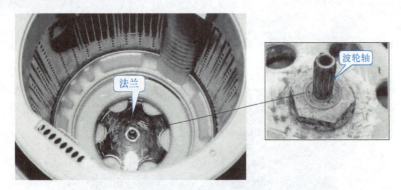

图 2-41 内外桶的固定螺母及离合器上的波轮轴

将固定内、外桶的螺母取下来，就可从外桶中取出内桶。图 2-42 所示为波轮式全自动洗衣机的内桶和外桶。内桶壁上有很多小孔，以确保脱水顺利进行。

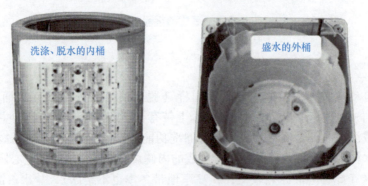

图 2-42 波轮式全自动洗衣机的内桶和外桶

外桶是一个密闭的容器，固定于底盘上，内桶套装在外桶内。如图 2-43 所示，在外桶

模块二 电动器具的原理与维修

上还带有气室和溢水管。外桶的四周各有一个吊杆组件，吊杆组件通过挂头和外桶（盛水桶）吊耳将外桶悬挂于洗衣机箱体中。

3. 传动机构

传动机构固定于洗衣机的底盘上，主要部件有电动机、离合器和电磁阀等。

波轮式全自动洗衣机的电动机的两套定子绕组参数相同，无主、副之分，可实现频繁的正、反转，为电容运转式单相异步电动机，其结构可参阅图2-13单相异步电动机的结构。

电动机通过传动带、离合器带动波轮或脱水桶转动，实现洗涤与脱水。

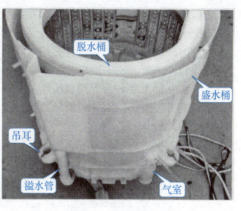

图 2-43 外桶的外侧

三、波轮式全自动洗衣机洗涤与传动系统的检修

洗衣机洗涤与传动系统的机械部件运行状况主要是通过外观检查判断其好坏，电气部分则要通过仪表进行检查。电容器、电动机的检测可参考本模块的项目一。

1. 离合器的检查与调整

（1）洗涤状态检查　洗衣机工作于洗涤状态时，棘爪插入棘轮内，如图2-44所示。用手转动传动带，离合器带轮转动，正常情况下，波轮应跟着转动，脱水桶不转动。

图 2-44 洗涤状态棘爪插入棘轮内

顺时针转动传动带时，波轮转动良好，脱水桶不转动，说明制动装置良好；逆时针转动时，波轮也转动良好，脱水桶也不转动，说明扭簧装置良好。

（2）脱水状态检查　洗衣机工作于脱水状态时，棘爪退出棘轮，如图2-45所示。此时转动传动带，波轮和脱水桶同时转动，说明离合器工作状况良好。

（3）离合器的调整　排水阀牵引器（排水电磁铁或排水牵引电动机）通过离合器的制动臂控制离合器的工作状态，即控制棘爪是否插入棘轮。

排水阀牵引器动作时会通过牵引钢丝绳拉动制动臂移动一段距离（在停机状态也可以用手拉动制动臂），观察制动臂、棘爪与棘轮之间的动作是否协调，**如果制动臂移动距离太**

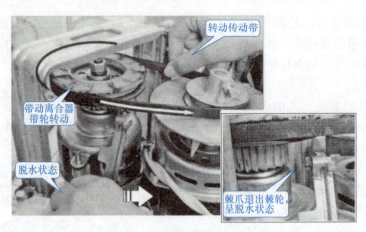

图 2-45　脱水状态棘爪退出棘轮

小，棘爪就不能退出棘轮，洗衣机就无法进入脱水状态。

检查制动臂与挡块之间的距离。静态时，二者间的距离应为 1~1.5mm。**对于新安装的离合器应注意调整。**调整挡块与制动臂间的距离如图 2-46 所示，先将挡块固定螺钉松开，使挡块处于可调状态。移动挡块，使挡块与制动臂间的距离为 1~1.5mm。

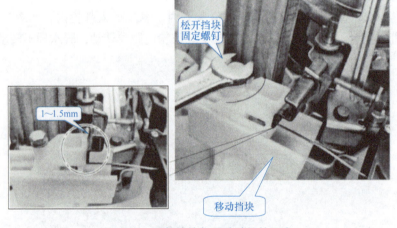

图 2-46　调整挡块与制动臂间的距离

2. 传动组件的检查

检查传动组件主要是检查传动带与带轮之间传动关系是否良好，有无偏移的情况。一般说来，传动组件的故障主要是传动带老化、磨损轻软等问题，用手推、送几下就可判断传动关系的好坏。例如，用手拨动带轮转动，如果发现只有带轮转动而传动带不跟随运动或运动很慢，表明传动带已严重磨损，与带轮间的摩擦力很小或几乎没有。需要更换新的传动带。

任务评价标准见表 2-5。

表 2-5　任务评价标准

项　目	配分	评价标准	得分
知识学习	30	1）熟悉波轮式全自动洗衣机洗涤与传动系统的基本结构 2）懂得离合器在洗衣机洗涤与脱水过程中的工作原理	
实践	60	1）会拆装洗衣机的波轮并能检测其好坏 2）会检查、调整离合器的工作状况 3）会检查、调整传动机构	
团队协作与纪律	10	遵守纪律、团队协作好	

1. 波轮式全自动洗衣机在洗涤或漂洗时，电动机运转，_____转动，_____不转动。
2. 波轮式全自动洗衣机洗涤桶的外桶是_____，而内桶在工作中是_____。只有在_____状态下，波轮和内桶都转动。
3. 为了使波轮与离合器波轮轴相啮合，特将波轮孔内壁制作成_____状。
4. 波轮式全自动洗衣机洗涤与传动系统由哪几部分组成？
5. 结合波轮式全自动洗衣机洗涤与脱水过程，说明离合器的工作原理。

任务三　洗衣机进排水系统的原理与维修

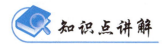

洗衣机进水流程是洗衣过程的第一步，如果洗衣机的进水系统出了故障，洗衣机的其他流程都无法进行下去。洗衣机的排水系统是污水排出装置，只有按要求排出污水、注入新水，才能把衣服洗干净。

一、洗衣机进水系统的结构与工作原理

洗衣机的进水系统位于洗衣机上方围框内，主要由进水电磁阀、水位开关、出水盒等部件组成，如图 2-47 所示。进水电磁阀是采用电磁控制方式控制洗衣机进水的阀门，水位开关对洗衣桶内的水位进行监控，通过水位开关内触点的开、关将水位信号送给控制电路，控制进水电磁阀的通、断，实现洗衣机的水位自动控制。

洗衣机上方的水位调节钮可以调整洗涤桶内水位的高低，即控制洗涤桶内的水量。

1. 进水电磁阀

洗衣机的进水系统都是由进水电磁阀实现自动进水,为洗衣机提供适量的洗涤、漂洗用水的。图 2-48 所示是进水电磁阀的外形,图 2-49 所示是进水系统组件,进水电磁阀的进水口与进水口挡板相连接,其出水口通过软水管与出水盒相连。

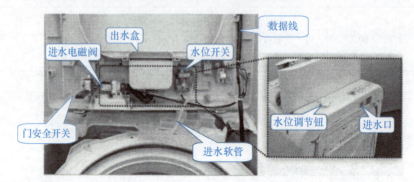

图 2-47 洗衣机进水系统

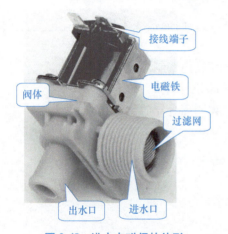

图 2-48 进水电磁阀的外形

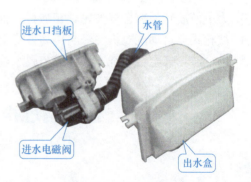

图 2-49 进水系统组件

进水电磁阀的阀门开、关由电磁阀的线圈控制。当线圈通电后,阀门被打开,自来水通畅地流入洗衣机;如果线圈断电,阀门被关闭,这时打开自来水龙头,水也不会流入洗衣机。进水电磁阀的进水口一般装有过滤网,以防污垢堵塞进水电磁阀。

2. 水位开关

水位开关又叫做水位压力开关、水位传感器等,它是利用洗衣桶内水位高低产生的压力来控制触点开关的通断,结构与工作原理如图 2-50 所示。水位开关气室进口与盛水桶下侧的储气室口用塑料软管连接。当盛水桶内注水时,随着水位的升高,储气室内的空气被压缩,产生一定的压力,该压力由塑料软管传至水位开关。随着水位逐渐升高,压力也逐渐增加(压力与水位成正比),当达到设定的水位时,水位压力开关内的膜片变形推动动触点与常闭触点快速分开,即常闭触点与公共触点迅速断开,常开触点与公共触点迅速闭合,从而将水位已达到设定值的信号送至程控器或将连接进水阀电磁线圈的电路断开,停止进水。

当洗衣机排水时,随着盛水桶水位的下降,储气室及塑料软管内的压力逐渐减小,当气体压力减小到一定值时,水位压力开关内的膜片恢复原位,使水位开关恢复到待检测状态,

模块二　电动器具的原理与维修

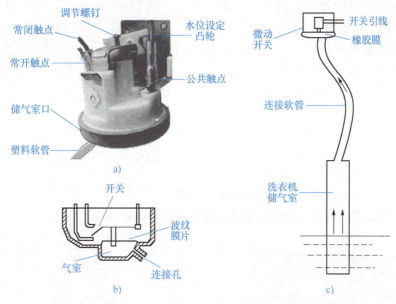

图 2-50　水位开关的结构与工作原理图

a）水位开关实物图　b）水位开关结构示意图　c）水位开关原理图

即常开触点与公共触点迅速恢复断开状态，常闭触点与公共触点恢复闭合状态。

旋转水位开关的水位选择旋钮，即旋转水位设定凸轮，改变压力开关凸轮的位置，从而改变水位压力开关内膜片变形所需气体的压力，达到改变水位的设定值。

二、洗衣机排水系统的结构与工作原理

洗衣机的排水系统通常位于洗衣机的下方，由排水阀和排水阀牵引器组成。排水阀牵引器有两种：电磁铁牵引器和电动机牵引器，它们分别构成相应的排水系统。

1. 电磁铁牵引器排水系统

电磁铁牵引器排水系统是通过电磁铁牵引器驱动排水阀的阀门打开或关闭，实现自动排水。它主要由电磁铁牵引器和排水阀组成，图 2-51、图 2-52 所示是电磁铁牵引器和排水阀的实物外形。电磁铁牵引器排水系统如图 2-53 所示，电磁铁牵引器和排水阀通过拉杆连接实现联动，排水阀与多个排水管连接。

图 2-51　电磁铁牵引器的实物外形

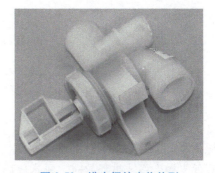

图 2-52　排水阀的实物外形

75

当电磁铁牵引器的线圈不得电时，电磁铁的衔铁被释放，内弹簧的弹力使橡胶阀堵住排水管。此时，洗衣机的排水阀处于关闭状态，洗衣桶内的水不会被排出，如图2-54所示。

当电磁铁牵引器的线圈通电时，衔铁被吸引，电磁铁牵引器拉杆拉动内弹簧，带动橡胶阀打开排水通道，此时，排水阀处于开启状态，洗衣桶内的水将被排出，如图2-55所示。

根据电磁铁牵引器线圈供电类型不同，电磁铁牵引器可分为交流电磁铁牵引器和直流电磁铁牵引器两种。**微处理器控制的全自动洗衣机中常用直流电磁铁牵引器。**

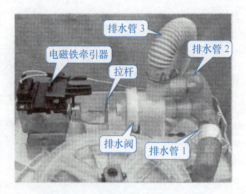

图 2-53　电磁铁牵引器排水系统

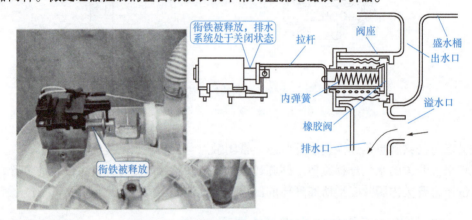

图 2-54　电磁铁的衔铁被释放，排水阀关闭

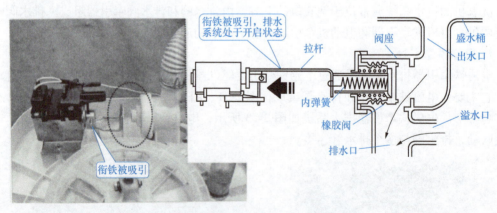

图 2-55　电磁铁的衔铁被吸引，排水阀开启

2. 电动机牵引器排水系统

图2-56所示为电动机牵引器排水系统。电动机牵引器排水系统与电磁铁牵引器排水系统工作原理相同，只是牵引器的动力不同。图2-57所示是电动机牵引器排水系统工作原理，当牵引钢丝未被牵引或被释放时，排水阀内橡胶阀在弹簧的作用下堵住排水管。此时，洗衣机的排水阀处于关闭状态，洗衣桶内的水不会被排出。

模块二 电动器具的原理与维修

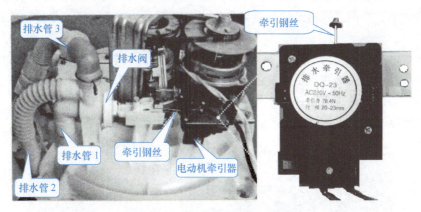

图 2-56 电动机牵引器排水系统

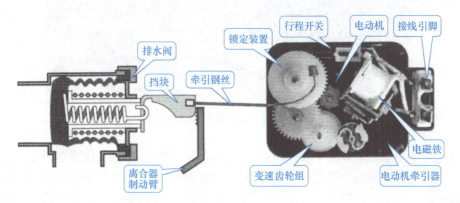

图 2-57 电动机牵引器排水系统工作原理

当电动机旋转时,牵引钢丝被拉动,带动橡胶阀打开排水通道,洗衣机排水阀处于开启状态,洗衣桶内的水就被排出了。

3. 排水装置与离合器制动臂之间的关系

在排水状态,牵引钢丝拉动制动臂使离合器的棘爪从棘轮上脱离开,为脱水桶运行作准备。在排水阀处于关闭状态时,钢丝被释放,制动臂使离合器的棘爪插入棘轮中,为波轮进行洗涤、漂洗做准备。图 2-58 所示是牵引钢丝与离合器制动臂之间的关系图。

图 2-58 牵引钢丝与离合器制动臂之间的关系图

做中学

1. 进水电磁阀的检修

检修进水电磁阀,首先观察进水电磁阀的线圈部分是否有破损或变形、引脚是否良好等情况。如果进水电磁阀电磁铁部分密封外皮已经变形、破损,表明进水电磁阀的线圈可能烧坏;如果进水电磁阀两接线端断裂,将导致进水电磁阀无法供电,还会导致洗衣机出现漏电现象。

其次进行供电电压检查。如图 2-59 所示,此电磁阀供电电压为交流 220V,用万用表交流电压挡测量控制电路是否提供了交流 180~220V 的电压。如果电压较低或为 0,说明供电电路有问题。如果测量进水电磁阀两端的电压为 180~220V,而进水电磁阀不动作,说明进水电磁阀有问题,需要拆卸下来进一步检查其线圈电阻。

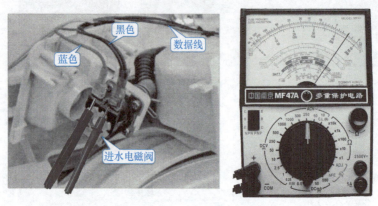

图 2-59 进水电磁阀供电电压检测

进水电磁阀电阻检查如图 2-60 所示,用万用表 R×100 挡测量其线圈电阻值。正常情况下,进水电磁阀两引脚端的阻值约为 3.5kΩ。如果阻值趋向无穷大,表明进水电磁阀线圈已经烧毁或断路;如果阻值趋于 0,表明线圈短路,此时,就需要更换电磁线圈,或直接更换进水电磁阀。

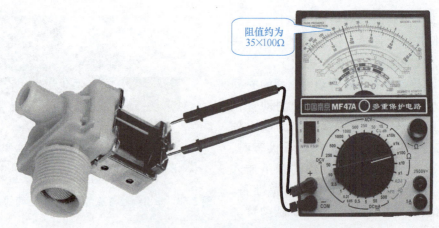

图 2-60 进水电磁阀电阻检查

如果进水电磁阀线圈已经损坏,应选择同型号的进水电磁阀进行更换,也可以只更换线圈。

2. 水位开关的检修

如果水位开关有故障,对进水电磁阀的控制就会失灵,或出现不能自动进水的故障。

（1）外观检查　旋转水位调节旋钮，观察水位开关的水位设定凸轮、弹簧是否有移位及损坏等。

（2）水位开关触点检测　水位开关只有一组触点，在电气元件中，常用 COM 表示公共端，用 NO 表示动合端（常开触点），用 NC 表示动断端（常闭触点），如图 2-61 所示为水位开关的正、反面实物图。

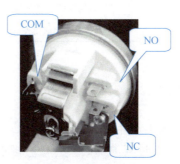

图 2-61　水位开关的正、反面实物图

用万用表 R×1 挡检测水位开关触点的好坏，以此判断水位开关的好坏。在正常情况下，在没有水压传递的状态下，公共端（COM）和动合端（NO）应处于断开状态，用万用表检测电阻应为 ∞，如果检测发现阻值为 0，则说明水位开关内部零部件损坏；公共端和动断端应处于接通状态，用万用表测量电阻应为 0，如果发现阻值为 ∞，则同样说明水位开关内部零部件损坏，应更换。

给洗衣机注水至设定水位，正常情况下，水位开关的动触点应动作，使公共端和动合端接通，公共端和动断端断开。同样可用万用表 R×1 挡检测其好坏。

3. 电动机牵引器的检查

检查电动机牵引器运行状况最直接、最简单的方法就是通电试验。如果运转不顺利或不能运转，应拆开牵引器的护盖，观察变速齿轮组是否有啮合不良的情况，是否有碎裂的情况，观察电磁铁、电动机连接引线有无脱焊等情况。在确定焊接状态良好的情况下，将行程开关处于打开状态，测量电动机牵引器阻值，应为 8kΩ 左右。将行程开关处于关闭状态，测量电动机牵引器阻值，应为 3kΩ 左右。若阻值过大或者过小，都说明该电动机牵引器中的电磁铁或电动机有故障。

任务评价标准见表 2-6。

表 2-6　任务评价标准

项目	配分	评价标准	得分
知识学习	40	1）熟悉波轮式全自动洗衣机进、排水系统的基本结构与工作原理 2）能理解洗衣机进、排水系统零部件的工作原理 3）懂得排水装置与离合器制动臂之间的关系	

（续）

项　　目	配分	评价标准	得分
实践	50	1）会拆装洗衣机的进水电磁阀并能检测其好坏 2）会检测水位开关、电磁铁牵引器的好坏 3）会检查、调整排水装置与离合器制动臂之间的工作状况 4）会检测进、排水控制电路的工作状况与故障检修	
团队协作与纪律	10	遵守纪律、团队协作好	

1. 洗衣机的进水系统主要由_____、_____等元器件组成。洗衣桶内的水位由_____进行监控，通过其内部的_____将水位信号送给控制电路，控制_____的通断，从而实现洗衣机的自动水位控制。
2. 水位开关通过与盛水桶的_____构成水压传递系统，从而实现对水位高低的控制。
3. 水位开关触点的公共端标志为 COM，标志 NO、NC 表示_____。
4. 水位开关对水位的调节是依靠_____实现的，一般设有多个旋转挡位。
5. 洗衣机的排水系统主要由_____、_____组成，它通常位于洗衣机的下方，根据牵引方式的不同，可分为_____和_____。
6. 试说明进水电磁阀的工作原理。
7. 简述电磁铁牵引式排水系统的工作原理。
8. 试说明排水装置与离合器制动臂之间的关系。

任务四　洗衣机支承减振系统的原理与维修

波轮式全自动洗衣机减轻了人们的家务劳动，但洗衣机工作时，人们总希望能尽量减少噪声，有一个安静的环境。因此，洗衣机还设置了减振装置。

一、洗衣机支承减振系统的结构观察

波轮式全自动洗衣机的支承减振系统由支承减振装置、箱体与门安全装置和洗涤桶构成。

1. 箱体

洗衣机的箱体主要起保护洗衣机内部零部件和支承、紧固零部件的作用。

在洗衣机箱体底部安装有四个底脚和一个排水管出口,其中三个底脚是固定的,一个底脚是可调的。安装洗衣机时可调节底部可调脚,使之四脚平稳,固定底脚可防止洗衣机工作时滑动。

洗衣机箱体上端有四个球面凹槽,用来安装减振吊杆组件,如图 2-62 所示。

2. 减振吊杆组件

波轮式全自动洗衣机洗涤衣物或内桶高速旋转脱水时,产生离心力,会使洗衣机产生强烈的振动。为了减少洗衣桶的振动和偏摆,波轮式全自动洗衣机在洗衣机外桶上设置了吊耳,并通过吊杆组件与箱体四角的球面凹槽将洗衣桶吊起,以减少振动和噪声,图 2-63 所示是安装于波轮式全自动洗衣机四角的减振吊杆组件支承外桶整体结构图。

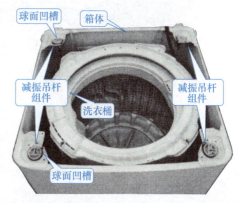

图 2-62 减振吊杆与箱体四角的球面凹槽结构

减振吊杆组件装置由吊杆挂头、吊杆、阻尼筒、减振弹簧、阻尼胶碗等构成。其中减振弹簧是吊杆组件的核心部件,用于减振和吸振。图 2-64 所示为减振吊杆组件的结构,为尽量减少噪声,在吊杆挂头下还垫有减振毛毡。

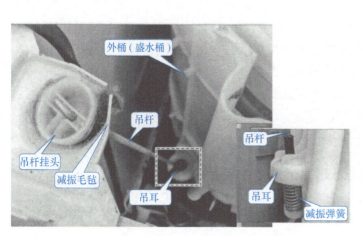

图 2-63 减振吊杆组件支承外桶整体结构图

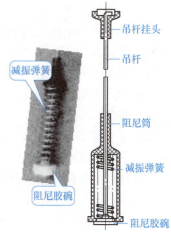

图 2-64 减振吊杆组件的结构

二、洗衣机支承减振装置的检修

波轮式全自动洗衣机的支承减振装置出现故障主要表现为洗衣机工作噪声大,可能出现的情况:吊杆组件中个别组件脱离箱体球面凹槽、吊杆组件的挂头损坏、吊杆组件的阻尼筒或阻尼胶碗损坏、箱体球面凹槽上的减振毛毡破损、润滑不良等情况。

(1) 吊杆组件中个别组件脱离箱体球面凹槽 如果吊杆组件中有个别组件脱离箱体球面凹槽,洗衣桶会失去平衡向脱离侧倾斜,洗衣时就会发出噪声。

检查脱离箱体的吊杆组件,如果没有发现明显的损伤,说明该吊杆组件是偶然脱离了箱体,只需要将其重新安装即可。图 2-65 所示是吊杆组件的安装方法。安装时可先将阻尼筒安装到吊耳下方，然后将外桶稍微倾斜向上提起，即可将挂头安装到箱体球面凹槽处。

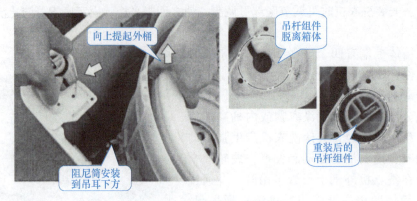

图 2-65　吊杆组件的安装方法

（2）吊杆组件的挂头损坏　吊杆组件挂头通常用塑料制成，长时间承受悬挂在箱体上的洗衣桶的重量，会使挂头凹槽产生裂纹或严重损坏，直接导致洗衣桶旋转过程中的不平衡，影响波轮式全自动洗衣机的正常工作，产生噪声。挂头损坏可更换或用胶进行修复。

（3）吊杆组件的阻尼筒或阻尼胶碗损坏　阻尼筒或阻尼胶碗损坏和挂头损坏原因相同，最好是更换吊杆组件。

（4）箱体球面凹槽上的减振毛毡破损　箱体球面凹槽上的减振毛毡起到缓冲挂头与箱体之间摩擦的作用，如果减振毛毡发生了变形或是磨损，将增大箱体与挂头之间的摩擦力，产生很大的声响。可更换减振毛毡或者是用其他缓冲垫如泡沫垫等代替即可。

（5）吊杆组件润滑不良　吊杆组件在洗衣机中起着支承减振的作用，如果减振弹簧生锈，阻尼筒与吊杆间润滑油干枯，都会产生噪声。因此，需要定期对吊杆组件进行维护，涂抹润滑油，防止生锈，图 2-66 所示为给阻尼筒涂抹润滑油。

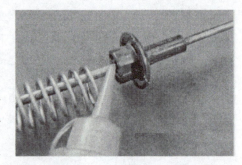

图 2-66　给阻尼筒涂抹润滑油

任务评价

任务评价标准见表 2-7。

表 2-7　任务评价标准

项　　目	配分	评价标准	得分
知识学习	30	1）熟悉波轮式全自动洗衣机支承减振系统的基本结构 2）掌握减振吊杆组件的结构与作用	
实践	60	1）会检测、维护支承减振系统的常见故障 2）会安装、维护吊杆组件	
团队协作与纪律	10	遵守纪律、团队协作好	

1. 波轮式全自动洗衣机的支承减振系统由_____、_____和_____构成。
2. 减振吊杆组件装置由_____、_____、_____和阻尼装置组成，通过吊杆组件与箱体四角的球面凹槽，将洗衣机桶_____，以减少振动和噪声。
3. 说一说吊杆组件的安装方法。
4. 波轮式全自动洗衣机的支承减振装置常见故障有哪些？如何维修？

任务五　洗衣机电气控制系统的原理与维修

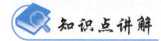

洗衣机电气控制系统是洗衣机的指挥中心，是洗衣机的"大脑"。人们通过操作按钮向洗衣机的"大脑"输入工作任务，通过显示屏了解洗衣机的工作状态，洗衣机的"大脑"指挥洗衣机按要求完成任务。掌握电气控制系统各电器元件间的相互控制关系，对分析、检修洗衣机的常见故障至关重要。

知识点讲解

目前，机电式程控器型洗衣机逐渐被淘汰，绝大多数家庭使用的是微处理器型洗衣机。微处理器由单片机（或称微处理器、单片机）和外围电子元器件组成，即控制电路板。微处理器（单片机）是控制系统的核心，其内存储有生产厂家设计的系统程序，根据用户输入的工作任务指令和系统程序完成工作任务。微处理器控制型全自动洗衣机功能全，采用无触点控制元器件，可实现最优洗涤控制。

图 2-67 所示是全自动洗衣机电气控制系统框图，图 2-68 所示是全自动洗衣机的电路简图，它由微处理器（单片机）、操作按键或旋钮、开关、发光二极管、双向晶闸管、各种电磁阀、电动机等组成。

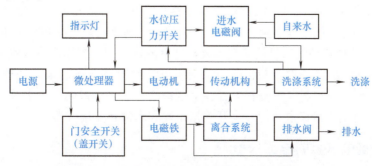

图 2-67　全自动洗衣机电气控制系统框图

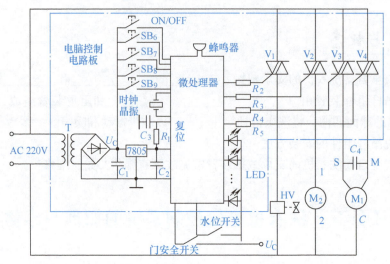

图 2-68　全自动洗衣机电路简图

当用户按下电源开关键 ON/OFF，微处理器进入工作准备状态。用户按下水位设置、洗涤设置等设置键（如 $SB_6 \sim SB_9$）后，盖好洗衣机上盖，门安全开关闭合，微处理器通过 R_2 输出触发信号使双向晶闸管（无触点控制开关）V_1 导通，驱动进水电磁阀 HV 工作，洗衣机开始进水。当水位达到设置值时，水位开关闭合，并将此信号输入到微处理器中，微处理器根据生产厂家预先设计的程序发出信号使 V_1 截止，进水电磁阀停止进水，同时微处理器通过 R_4、R_5 输出触发信号使双向晶闸管 V_3、V_4 轮流导通，电动机 M_1 间歇正反转动。完成洗涤过程后微处理器发出使 V_3、V_4 截止的信号，电动机停止运行。之后，微处理器通过 R_3 输出触发信号使双向晶闸管 V_2 导通，排水牵引器 M_2 工作，排水阀被打开进行排水。排水完毕，水位开关恢复断开状态，并将此信号输入到微处理器，微处理器发出进水信号，如此循环，按用户选择的洗涤流程和生产厂家预先设计的程序要求完成洗衣工作任务。在各个工作状态微处理器都会发出相应的信号驱动发光二极管点亮相应指示灯。

 做中学

一、洗衣机电气控制电路的观察

图 2-69 所示是某品牌全自动洗衣机控制电路板，它包括微处理器、操作按键及控制显示部件等。为确保电路板工作安全，整个电路板进行了防水处理，密封在防水橡胶中。

图 2-70 所示是全自动洗衣机接口端与整机部件的连接图。当用户输入洗涤工作任务后，微处理器 EM78P458AP（内部存储生产厂家预先设计的程序）经过信号处理后，向各接口端传送信号，实现自动控制。该洗衣机有五个接口端：电源接口端、进水/排水电磁阀（电磁铁）接口端、电动机接口端、门安全开关接口端和水位开关接口端。

二、洗衣机电气控制电路的检测

微处理器控制洗衣机的电路板（程序控制器）采取了防水绝缘措施，电子元器件的检

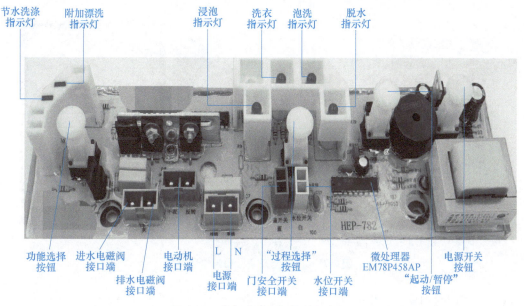

图 2-69 全自动洗衣机控制电路板

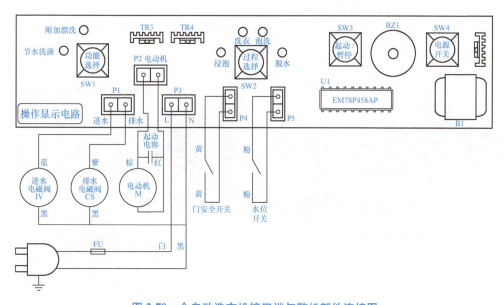

图 2-70 全自动洗衣机接口端与整机部件连接图

测有一定困难,此时可以通过接口端的检测判断该接口端与其外围电路是否正常。拆开洗衣机操作面板,使电路板接口端处于可测量状态,接上220V 的交流电待测。

1. 门安全开关与水位开关接口端电压检测

按下电源开关"起动/暂停"按钮,程序控制器处于供电状态,此时,测量门安全开关接口端,应测量到直流5V电压,如图2-71所示,在测量中可以看出靠边缘的接口为负端,应接黑表笔。同样的方法可检测到水位开关接口端的电压情况,它的负端接口也靠边缘应接黑表笔。如果检测到的电压不是直流5V,说明电路有问题。

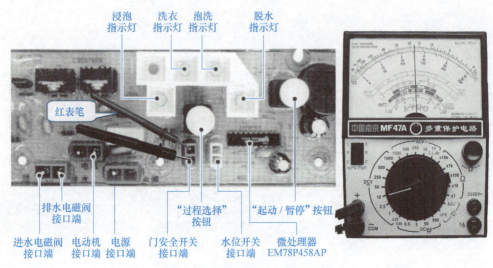

图 2-71 门安全开关接口端电压检测

2. 电动机接口端电压检测

洗衣机工作时，门安全开关和水位开关是处于闭合状态的，因此，可以用导线短接门安全开关接口端和水位开关接口端。

当洗衣机处于待机状态，即只按下电源开关"起动/暂停"按钮而没按下程序运行按钮时，电动机接口端的电压应为 0，如图 2-72 所示。

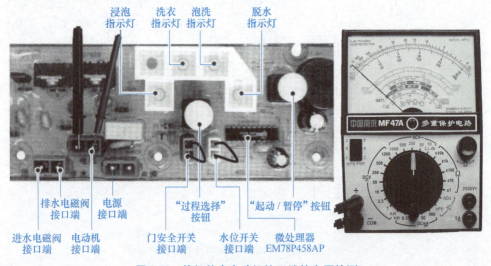

图 2-72 待机状态电动机接口端的电压检测

当洗衣机处于工作状态时，即处于正、反转洗涤状态或脱水状态时，电动机接口端的电压检测应为 220V 交流电压。其中，电动机正、反转时为间歇供电。

3. 进水电磁阀接口端电压检测

如果经检测进水电磁阀和水位开关及水位接口端电压正常，而洗衣机不能进水，则应检测进水控制电路即检测进水电磁阀接口端电压。如图 2-73 所示，给洗衣机通电，洗衣机处于待机状态，检测进水电磁阀接口端的电压值，进水电磁阀待机时，正常情况下所检测电压值应为 0，但有的洗衣机待机状态设计为交流 180V。

将洗衣机设置为洗衣状态，"洗衣"指示灯点亮，此时应检测到进水电磁阀接口端的电压为交流 220V，否则说明进水电路有问题。

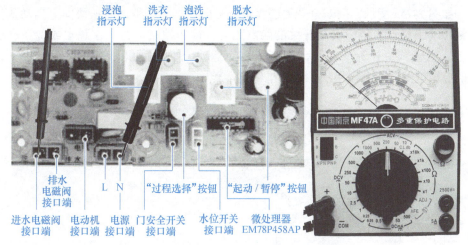

图 2-73 待机状态进水电磁阀接口端电压检测

4. 排水电磁阀接口端电压检测

将洗衣机设置为"脱水"工作状态并将门安全开关接口端短接（水位开关可短接也可不短接），"脱水"指示灯点亮，此时检测到排水电磁阀接口端的电压为直流 220V，说明排水电路工作正常，图 2-74 所示是排水电磁铁接口端的电压检测方法。

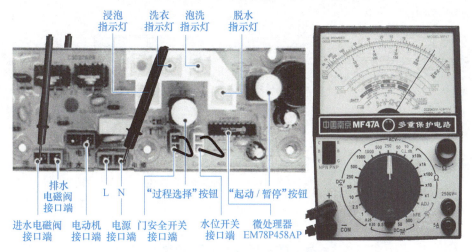

图 2-74 排水电磁铁接口端的电压检测方法

5. 门安全开关及其检测

门安全开关又称盖开关，安装在波轮式全自动洗衣机的围框上受上盖的控制。门安全开关的安装位置可参阅图 2-47。在洗衣机运行过程中门安全开关起安全保护作用，功能有两个：一是如果洗衣机工作时操作者打开洗衣机的上盖，进行相关操作，有可能伤害操作者，因此，洗衣机工作时操作者误动作，门安全开关会自动切断电源，避免伤害事故发生；二是在脱水过程中,如果桶内衣物摆放不均匀而产生大幅振动时,门安全开关也会动作,自动中断脱水过程。

(1) 门安全开关工作原理 图 2-75 所示为门安全开关的工作原理。当洗衣机的上盖被关闭时,如图 2-75a 所示,门安全开关的盖板杆被向上提起,带动防振块向上运动,使压柱推动动触片(下触点)将门安全开关的触点闭合,接通控制电路。在脱水或洗涤过程中打开(掀起)上盖,如图 2-75b 所示,盖板杆向下运动,使压柱跟随着下降,触点断开,切断电动机的电源电路,离合器制动,电动机停止运转。

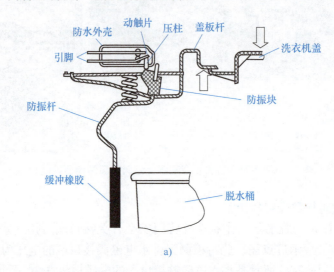

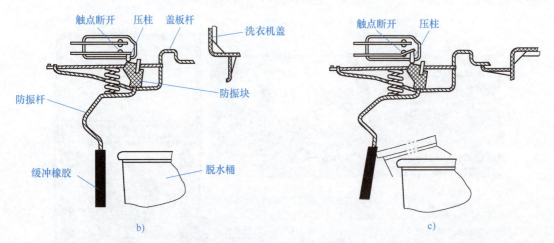

图 2-75 门安全开关工作原理
a) 关上洗衣机的上盖,门安全开关的状态 b) 打开洗衣机的上盖,门安全开关的状态
c) 桶体强烈振动,门安全开关的状态

在脱水过程中,若脱水桶内的衣物放置不均匀,导致桶体强烈振动撞击门安全开关的防振杆时,防振杆倾斜压缩弹簧,使防振块和压柱下降,门安全开关的触点断开,切断电动机电源使脱水桶停止运转;当人工打开洗衣机上盖,调整桶内的衣物后,再次盖好上盖,门安全开关的触点重新闭合,洗衣机可以继续进行脱水。

（2）门安全开关的检测

1）洗衣机上盖处于不同状态时门安全开关的检测。关闭洗衣机上盖，盖板杆被提起，门安全开关触点闭合，用万用表电阻挡检测门安全开关两引脚之间的电阻应为 0。当洗衣机的上盖被打开时，门安全开关的盖板杆被释放（如图下方的小方块图），触点断开，用万用表电阻挡检测安全开关两引脚之间的电阻应为∞，如图 2-76 所示。

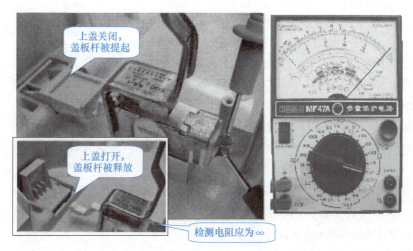

图 2-76　关闭、打开洗衣机的上盖，检测门安全开关

2）脱水桶运行时门安全开关的检测。脱水桶（内桶）中衣物放置不当，出现振动现象时，门安全开关的杠杆倾斜使门安全开关的触点断开，此时用万用表检测门安全开关两引脚之间的电阻应为∞。脱水桶（内桶）运转平稳时，门安全开关的杠杆不发生倾斜，此时门安全开关的触点应闭合。用万用表电阻挡检测门安全开关两引脚间的电阻应为 0，如图 2-77 所示。

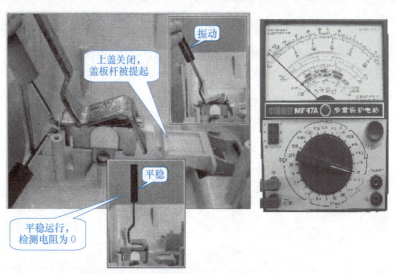

图 2-77　脱水桶运行时门安全开关的检测

如果检测发现门安全开关在某一状态下的检测值不符合上述要求，则应对其进行更换。

6. 蜂鸣器的检测

蜂鸣器在洗衣机中用于声音提示、报警，用户可据蜂鸣器的声音信号判断洗衣机的工作状态。洗衣机中常用的蜂鸣器有电磁式和压电式两种，一般来说，电磁式用数据线单独连接，维护方便。压电式可直接安装在电脑控制板上，占用空间小。

（1）电磁式蜂鸣器　电磁式蜂鸣器一般采用交流供电方式，其基本结构如图 2-78 所示，它主要由线圈、铁心、振动簧片、固定支架等组成。电磁式蜂鸣器接上交流电源后，线圈产生电磁力，在交流电的正、负半周内吸合振动片，交流电过零时，释放振动片，如此反复，产生振动声音。

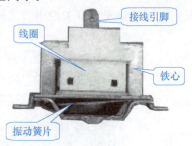

图 2-78　电磁式蜂鸣器的基本结构

（2）压电式蜂鸣器　图 2-79 所示是压电式蜂鸣器的实物外形，它通常呈圆形，主要由压电材料、引线和共鸣腔组成。压电材料（如压电陶瓷片）粘贴在金属片上，当它和金属片两端施加上一个电压后，因为压电效应，蜂鸣片就会产生机械变形而发出声响。

压电式蜂鸣器分为有源式和无源式两种。有源蜂鸣器内部带有振荡源，所以只要一接通电源就会发出声音，而无源蜂鸣器的内部不带振荡源，加上电源时无法令其鸣叫，和扬声器一样，必须使用音频输出电路驱动才能发出声音。

微处理器控制的蜂鸣器采用直流供电，由微处理器直接驱动，如图 2-80 所示。

图 2-79　压电式蜂鸣器的实物外形

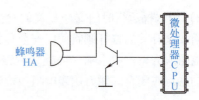

图 2-80　蜂鸣器驱动电路

（3）蜂鸣器的检测　洗衣机在通电情况下，用万用表检测蜂鸣器的电压，如图 2-81 所示。若测得电压值为 AC 220V，表明蜂鸣器供电电压正常，否则，表明洗衣机控制电路有问题，需要进一步检测洗衣机的其他部位。

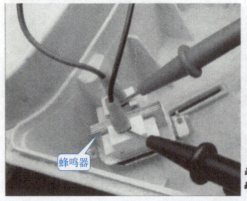

图 2-81　蜂鸣器供电电压的检测

若蜂鸣器的供电电压正常，而蜂鸣器不鸣叫，则应将蜂鸣器拆卸下来进一步检查。

1）电磁式蜂鸣器检测。查看蜂鸣器的外观：蜂鸣器振动片是否折断，连接导线是否脱焊，蜂鸣器线圈外表是否变形、是否有烧黑迹象，蜂鸣器是否有糊味等。

如果无法通过外观查看蜂鸣器是否损坏，则需要借助万用表电阻挡进行检测。若所测得的阻值约为 7.5kΩ，则说明蜂鸣器正常；若所测得的阻值过小，则表明蜂鸣器线圈内部出现短路。若所测得的阻值为无穷大，则可能是蜂鸣器的线圈接线点与接线柱断开故障。拆卸蜂鸣器后，拆下一圈线圈的漆包线，用电烙铁将其重新焊接上即可。在焊接接线点时，焊接时间不宜过长，以免熔化蜂鸣器的塑料线架。

蜂鸣器在洗衣机中只起到声音提示的作用，因此在对它进行代换时只要安装方便即可，没有具体的要求，也没有必要做太大的拆卸检修。

2）压电式蜂鸣器检测。微处理器控制型洗衣机大多采用直流压电式蜂鸣器，通常插接在操作显示电路板上，检测时可将其拔下。如图 2-82 所示，将万用表置于 R×1 或 R×10 挡，用红、黑表笔分别接触蜂鸣器的正、负电极。正常时，万用表将指示一定的阻值，并在红、黑表笔接触电极的一瞬间，蜂鸣器会发出"吱吱"的声响。

图 2-82　压电式蜂鸣器的检测

若测得的阻值趋于无穷大或零且不发出声音，说明蜂鸣器已经损坏，需更换新的蜂鸣器。

任务评价标准见表 2-8。

表 2-8　任务评价标准

项　目	配分	评价标准	得分
知识学习	30	1）熟悉洗衣机电气控制系统的基本结构 2）能理解蜂鸣器的工作原理	
实践	60	1）会检测门安全开关的好坏 2）会检测、检修洗衣机电气控制系统常见故障 3）会检测蜂鸣器的好坏	
团队协作与纪律	10	遵守纪律、团队协作好	

思考与提高

1. 波轮式全自动洗衣机的电气系统中，_____、水位开关和_____属于给排水系统，它们的动作受_____控制。

2. 洗衣机的微处理器安装在操作显示电路板上。为确保电路板安全工作，整个电路板都进行了_____处理，整个电路板都密封在_____之中。

3. 洗衣机中所使用的蜂鸣器有_____和_____两种，一般来说，_____用数据线单独连接，_____可直接安装在微处理器控制板上并且用_____供电。

4. 压电式蜂鸣器分有源蜂鸣器和_____。有源蜂鸣器是指_____，所以只要一接通电源就会发出声音。

5. 洗衣机电气控制电路板有五个接口端：_____接口端、进/排水电磁铁接口端、电动机接口端、_____接口端和_____接口端。

6. 接通电源，按下起动按钮，如无电路故障，检测到门安全开关与水位开关接口端电压为_____，电动机接口端电压为_____。

7. 在脱水或洗涤过程中掀起洗衣机上盖时，门安全开关_____电动机的_____，离合器_____，电动机_____。安全开关还能起到_____作用。

8. 用万用表交流电压挡检测排水电磁阀的两个接线端子，在工作状态下，应能够检测到供电电压在交流_____~_____V。

9. 简答门安全开关的工作原理与检测方法。

10. 简述压电式蜂鸣器的结构、工作原理与检测方法。

项目三　滚筒式全自动洗衣机的原理与维修

·职业岗位应知应会目标·

1. 了解双速电动机绕组的构成。
2. 熟悉滚筒式全自动洗衣机的结构和工作原理。
3. 会检测、判断滚筒式全自动洗衣机控制器件的好坏。
4. 能检修滚筒式全自动洗衣机的常见故障。

任务一　滚筒式全自动洗衣机的结构与工作原理认知

滚筒式全自动洗衣机（简称滚筒式洗衣机）是现在比较流行的一种机型，由于它具有水耗少、衣物磨损小、洗衣量大等优点，深受消费者欢迎。掌握滚筒式洗衣机的结构特点和工作原理对做好售后服务和维护、维修工作有着极大的帮助。

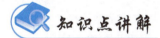

一、滚筒式洗衣机的结构特点

滚筒式洗衣机和波轮式洗衣机一样，也分外桶和内桶，外桶用来盛放洗涤液，内桶用来盛放衣物，内桶可在外桶中旋转，即滚筒。图2-83所示是滚筒式洗衣机洗衣桶的基本结构。

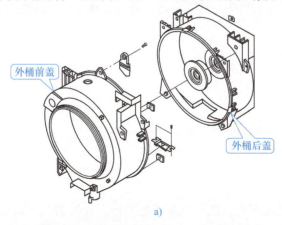

a)

图2-83　滚筒式洗衣机洗衣桶的基本结构
a）外桶结构图

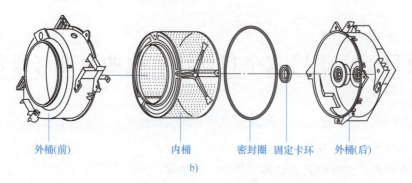

外桶(前)　　内桶　　密封圈　固定卡环　外桶(后)

b)

图 2-83　滚筒式洗衣机洗衣桶的基本结构（续）

b）内、外桶结构配合图

滚筒式洗衣机内桶壁上有 3~4 根凸出的提升筋和很多过水小孔，使洗涤液能从外桶进入内筒浸泡衣物。图 2-84 所示为内桶结构。

二、滚筒式洗衣机的工作原理

当人工输入洗涤工作任务后，程序控制器发出指令使电动机通过带轮带动滚筒以 40~60r/min 的较低速度有规律地正、反向旋转，衣物在滚筒中翻滚并受到筒壁和提升筋的揉搓，同时当滚筒自下而上旋转，提升筋将衣物托起到一定的高度时，因衣物的重力作

图 2-84　内桶结构

用，落入内桶的洗涤液中，产生相当于人工洗涤中的捶打作用，从而将衣物洗涤干净。

洗衣机进入脱水阶段时，滚筒以 450~500r/min 的高速旋转，利用离心力将衣物甩干。

滚筒式洗衣机洗涤衣物时，衣物不需要全部浸泡在洗涤液中，只需要少量的洗涤液就能进行洗涤，因此，它较节水，但它的洗净率较低，所以滚筒式洗衣机大多数做成带有加热器的形式用热水来增强洗涤效果，但耗电耗时。

滚筒式洗衣机漂洗时，一面从上部注入清水，一面随着滚筒的转动，洗涤物不断翻滚，污水不断地排出。由于污水是随时被排出的，所以滚筒洗衣机的漂洗率高。

做中学

一、器材准备

滚筒式洗衣机一台，电工工具一套。

二、结构观察

1. 外观观察

图 2-85 所示是前装型滚筒式洗衣机的实物外形。前装型滚筒式洗衣机的正前方设有可开闭的门，洗涤物由此门投入和取出。门上有玻璃视孔，透过它可以清晰地观察到滚筒内衣物的洗涤情况。滚筒式洗衣机的门由电动门锁控制，用户可通过操作显示面板上的门开关按

钮，控制电动门锁以控制洗衣机门的打开与闭合。当洗衣机处于洗涤状态时，按动门开关按钮，洗衣机门无动作，只有洗衣机在停止运行状态下才能打开洗衣机门，因此，它也是安全保护装置。

2. 内部结构观察

拆下滚筒式洗衣机后侧上盖和后背板固定螺钉，取下上盖和后背板可观察到内部基本结构，图2-86所示为洗衣机顶部部件，主要有进水电磁阀、进出水管、水位压力开关、上平衡块、电源（进线）端、减振弹簧（包括悬拉弹簧和减振器）、洗涤料盒等。图2-87所示是洗衣机的后侧结构。电动机小带轮带动内桶的大带轮减速运行，加热器给洗涤液加热。

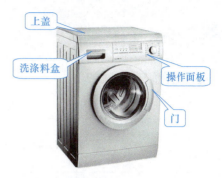

图2-85 前装型滚筒式洗衣机的实物外形

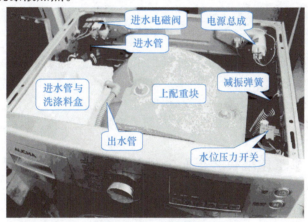

图2-86 洗衣机顶部部件

将洗衣机翻转或倾倒，从底部可以观察排水系统。滚筒式洗衣机通常采用上排水方式，不设排水阀门，而是采用排水泵排水。排水泵采用离心式水泵，由一个单相罩极式电动机驱动。其排水泵的入水口一般加有过滤器，入水口直径为40mm，排水口直径为18mm，其扬程可达1.5m，流量为25L/min左右。因此，这种洗衣机在使用过程中不受环境的限制，使用方便。图2-88所示为滚筒式洗衣机的排水系统。

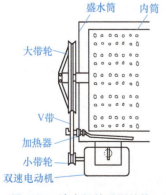

图2-87 洗衣机的后侧结构

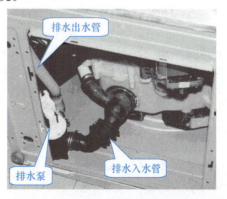

图2-88 滚筒式洗衣机的排水系统

任务评价

任务评价标准见表2-9。

表2-9 任务评价标准

项 目	配分	评价标准	得分
知识学习	40	1）熟悉滚筒式洗衣机的基本结构与特点 2）了解滚筒式洗衣机的洗衣原理	
实践	50	1）能认真观察滚筒式洗衣机的结构 2）能认真观察滚筒式洗衣机传动系统、进排水系统结构	
团队协作与纪律	10	遵守纪律、团队协作好	

思考与提高

1. 滚筒式洗衣机也分外桶和内桶，外桶用来_____，内桶用来_____，_____桶可在_____桶中旋转。
2. 滚筒式洗衣机内桶壁上有3~4根凸出的_____和很多_____，使洗涤液能从外桶进入内筒浸泡衣物。滚筒式洗衣机洗涤衣物时，衣物_____，只需要少量的洗涤液就能进行洗涤，因此，它较节水。
3. 滚筒式洗衣机整体结构从正面透视其包括操作显示面板、_____、内桶、_____、洗涤料盒、_____、_____、排水管和底脚等。
4. 滚筒式洗衣机的整机结构从后背透视其主要包括平衡块、电源线、_____、外桶、_____、_____和_____等。
5. 通过对滚筒式洗衣机的观察，你认为滚筒式洗衣机主要包括哪几部分？

任务二　滚筒式全自动洗衣机的检测与维护

任务引入

滚筒式洗衣机与波轮式洗衣机虽然在结构上相差甚远，但也有一些相似之处，例如，旋转的内桶、悬吊防振的外桶、电磁阀控制进水等。这些特点对掌握滚筒式洗衣机的结构，理解其工作过程和故障分析、检修有很大的帮助。

做中学

一、器材准备

滚筒式洗衣机一台，电工工具一套，万用表一块，水银温度计一支。

二、滚筒式洗衣机的检测与维护

滚筒式洗衣机主要由洗涤脱水系统、传动系统、进排水系统、支承减振系统、加热系统和控制系统六大部分组成。其中传动系统、控制系统、进排水系统和波轮式洗衣机很相似,都采用带传动、微处理器控制、电磁阀进水、水位开关监测水量,只是滚筒式洗衣机采用泵排水,内桶转动直接由电动机拖动,没有减速离合器装置。

1. 加热系统及其检测

滚筒式洗衣机加热系统包括管状电加热器和水温自动控制器(温控器)两部分。

(1) 管状电加热器 管状电加热器安装在洗涤液筒(外桶)内的底部,位于滚筒(内桶)和洗涤液筒之间,并稍离滚筒远些而略近于洗涤液筒,这样可以防止滚筒在高速脱水时因振动而与管状电加热器摩擦,甚至发生碰撞。管状电加热器的固定板可用螺钉连接在洗涤液筒的后端面上,连接处用橡胶垫密封,防止洗涤液渗漏。图 2-89 所示是滚筒式洗衣机中管状电加热器的实物外形,其外壳为优质无缝不锈钢管,表面经过光亮处理,在水介质中加热时,不易产生水垢。有的还设置了熔断器和水温传感器等元器件。管状电加热器的检测方法请参见本书模块一图 1-2d。

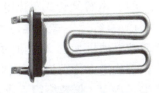

图 2-89 管状电加热器的实物外形

(2) 水温自动控制器及其检测 滚筒式洗衣机的水温自动控制器普遍采用蒸汽压力式温控器,它的感温点(探头)可直接置于液体介质或空间中检测温度的变化,且感温点与电气工作点的距离可拉开,安装方便、测温准确、稳定可靠、开停温差小、控温调节范围大。

图 2-90 所示是蒸汽压力式温控器的实物与工作原理图,它由气室、感温元件、机械杠杆放大机构、电气触点和温控凸轮等部分组成。

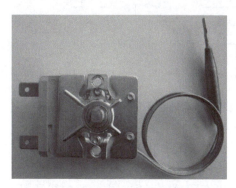 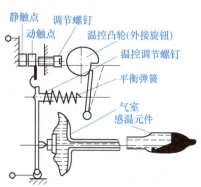

图 2-90 蒸汽压力式温控器的实物与工作原理图

蒸汽压力式温控器的气室内充有感温剂,感温剂的饱和蒸汽压力随温度变化而变化:温度升高,饱和蒸汽压力升高,气室波纹管膨胀,推动机械杠杆放大机构,使动触点动作,切断电源,加热器停止工作;当感温探头测得的温度降低,饱和蒸汽压力下降,气室波纹管在弹力的作用下收缩,使平衡弹簧变形带动触点动作,电路接通,加热器工作。

温控器的检测方法如下:将蒸汽压力式温控器的感温点(探头)浸入 20℃ 的水中(用

温度计准确测量），旋转温控器旋钮至 22~25℃ 的位置，此时，动、静触点应处于闭合状态，用万用表 R×1 挡测量两接线柱间的电阻，正常情况下，电阻值应为 0；然后将温控器的旋钮旋转至 15~18℃ 的位置（水温应保持在 20℃），此时，动、静触点应分断，同样用万用表测量电阻值应为 ∞。若不是上述测量值，说明温控器损坏或准确度差，应更换。

2. 电动机的检测

滚筒式洗衣机常用电动机主要有电容运转式双速电动机、单相串励电动机和 DD 直驱式变频电动机三种，其中 DD 直驱式变频电动机是新型滚筒式洗衣机的主流。本书主要介绍滚筒洗衣机最常用的电容运转式双速电动机及其检测方法。

（1）电容运转式双速电动机及其检测

1）电容运转式双速电动机的结构与原理。电容运转式双速电动机如图 2-91 所示。这种电动机定子铁心内装有两套绕组，分别为 12 极低速绕组和 2 极高速绕组。在洗涤过程中，低速绕组工作，带动滚筒洗涤衣物。低速绕组又称为电动机洗涤绕组。在脱水过程中，高速绕组工作，带动滚筒洗涤高速运转，甩出衣物中的水分。高速绕组又称电动机脱水绕组。

图 2-91　电容运转式双速电动机

电容运转式双速电动机电路结构如图 2-92 所示。其中电动机洗涤绕组由主绕组、副绕组、公共绕组组成。电动机脱水绕组由主绕组和副绕组组成。

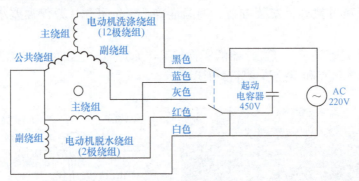

图 2-92　电容运转式双速电动机电路结构

电动机洗涤绕组中主、副绕组功能可相互交换，实现电动机正、反方向运转，其绕组参数（线径、匝数、极距、节距）完全相同。

电动机脱水时只需单向运转，其主、副绕组有明显的区别：主绕组的线径粗、匝数少、直流电阻小；副绕组的线径细、匝数多、直流电阻大。

电动机高、低速绕组的公共端连接在一起，形成电容运转式双速电动机的公共端。当电动机洗涤绕组（12 极绕组）供电时，洗衣机以低速带动滚筒运行，完成洗涤功能；当电动机脱水绕组（2 极绕组）供电时，洗衣机以高速带动滚筒运行，完成脱水功能。两套绕组由微处理器控制并互锁，不允许电动机的两套绕组同时通电运行。

电容运转式双速电动机采用电容起动，由微处理器对开关 S 发出起动、切换与停止信号，控制电动机的运行。

2）起动电容的检测。检测起动电容，应先将起动电容与电动机分离开，进行开路检测，以确保检测的准确性。

用万用表检测起动电容时，如洗衣机刚使用过或刚通电试验过，应对起动电容进行放电。

观察滚筒式洗衣机起动电容的标志可知，该电容器的电容量为 20μF（1±5%），将万用表调整至 R×10k 挡，用万用表的两表笔分别检测起动电容的两端，观察此时万用表指针摆动的情况；放电后，调换表笔再对起动电容进行检测，同样观察此时万用表指针的摆动情况，如图 2-93 所示。若万用表指针不摆动或者摆动到电阻为零或其他某一位置后不返回，均表明起动电容器出现故障，需要对其进行更换。

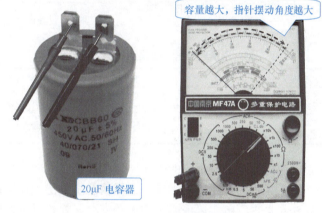

图 2-93 起动电容的检测

3）电容运转式双速电动机的检测。检测洗衣机的电容运转式双速电动机，主要检测电动机的两套绕组间的阻值及过热保护器的阻值。图 2-94 所示是双速电动机的连接线图，为保证双速电动机检测值的准确性，检测前，应将双速电动机的接线盒与其他器件的连接插件拆下。一般来说，过热保护器采用同颜色的线连接，12 极绕组和 2 极绕组的公共端则采用双色线或黑色线连接。检测时可用万用表的 R×1 挡分别检测过热保护器的两连接端、12 极绕组和 2 极绕组两端的阻值，观察其阻值是否正常。检测时还应检测两套绕组与公共端之间的阻值是否正常，才能判断电动机的好坏。

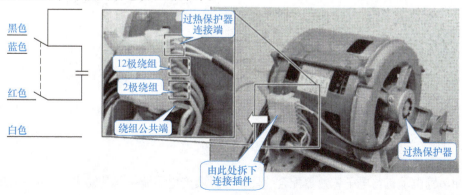

图 2-94 双速电动机的连接线图

图 2-95 所示是某品牌滚筒式全自动洗衣机双速电动机的电气接线图。在 6 个接线端中，1 是两套绕组的公共端；1 和 4 是过热保护器引出端。3 和 6 是低速绕组中的两个引出端；2 和 5 是高速绕组中一、二次绕组引出端。用万用表电阻挡检测时，正常情况下，各接线端之间的电阻值见表 2-10。

如检测到某两个接线端之间的阻值为∞，说明存在断路现象；1、2 接线端电阻应为 0，除此之外，如其他接线端电阻为 0 或明显变小，说明内部有短路现象。这些情况都应拆开电动机进行修理或更换。不同双速电动机参数不同，但阻值较相近。

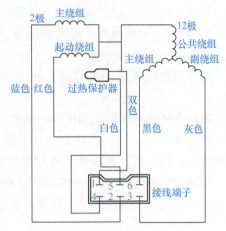

图 2-95 双速电动机的电气接线图

表 2-10 双速电动机各接线端之间的电阻值

接线端号	检测对象	电阻值/Ω	接线端号	检测对象	电阻值/Ω
3、4 或 1	低速绕组	60	2、4 或 1	高速绕组	10
6、4 或 1		60	5、4 或 1		30
1、2	过热保护器	0			

过热保护器一般固定在机壳上，但也有的生产厂家将其埋在电动机的绕组中。后者测温较准确，保护效果好，但一旦损坏，更换较困难。这样情况主要出现在进口品牌洗衣机中。

电动机还应检查其外壳是否带电，以保障使用者的安全。检查时可先用万用表的 R×10k 挡粗测。如绕组引线与外壳间阻值为 0，说明绕组已通地。如测得阻值较小，例如几十或几百千欧，说明电动机已受潮，绝缘不良。这种情况可用 500V 绝缘电阻表进一步检查，如绝缘电阻小于 3MΩ，说明绕组受潮，须作烘干处理。

（2）单相串励电动机　单相串励电动机主要由磁极（定子）、电枢（转子）、电刷和换向器四部分构成，如图 2-96 所示。单相串励电动机通过改变定子励磁绕组与转子绕组串联的极性来改变旋转方向，实现电动机不同方向的旋转。

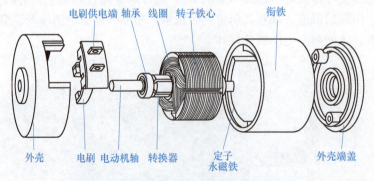

图 2-96 单相串励电动机的内部结构示意图

单相串励电动机与电子调速器配合使用，通过改变电子调速器的输出电压来改变电动机的转速。

3. 支承减振系统的维护与检修

（1）支承减振系统的结构　滚筒式洗衣机的支承减振系统主要由吊装弹簧、减振器和箱体等组成。它把洗衣机的内桶、外桶、箱体、底座等部件连接在一起，同时还起到减振、防振的作用。

滚筒式洗衣机的外桶与箱体一般采用两重支承。下部是减振器支承，上部是吊装弹簧支承，如图 2-97 所示。这样，外桶靠支承机构与箱体固定连接，滚桶（内桶）则通过滚筒轴支承在外桶轴心处。电动机安装在洗衣机的底部，通过小带轮的传动带将动能传给滚筒轴上的大带轮，带动滚筒转动。

吊装弹簧位于洗衣机外桶的两侧，承担着外桶一定的重量，同时起着平衡滚筒和减少滚筒振动的作用，图 2-98 所示是吊装弹簧安装图，吊装弹簧挂钩与外桶、箱体的连接处垫有特殊的防振垫（挂垫），以减小摩擦噪声。

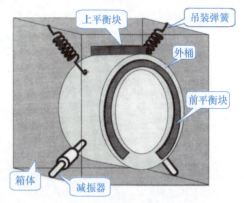

图 2-97　外桶与箱体间采用的两重支承

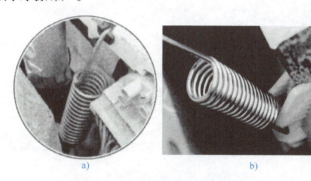

图 2-98　吊装弹簧安装图
a）吊装弹簧与箱体的连接　b）吊装弹簧与外桶的连接

减振器位于洗衣机的底端，起支承外桶和减小滚筒工作中振动的作用。图 2-99 所示是减振器结构图，它由呈细长状的阻尼器和气缸组成，阻尼器插接在气缸内，可以来回拉动。在减振器的两端分别设有与滚筒式洗衣机的箱体和外桶相连的连接孔。

减振器的固定位置如图 2-100 所示，它通过螺栓固定在滚筒洗衣机箱体底部和外桶上。

洗衣机的减振器除了阻尼气缸减振器外，还有阻尼弹簧减振器，它主要由阻尼器和弹簧组成，图 2-101 所示为阻尼弹簧减振器的实物图，它的安装方法及位置与阻尼气缸减振器相同。

（2）支承减振系统的检修与维护　滚筒式洗衣机的轴承损坏会引起滚筒转动失衡或产生噪声，应对轴承进行更换。支承减振系统出现故障，也会产生噪声，因此，需要对滚筒式洗衣机的支承减振系统经常进行检修与维护。

1）吊装弹簧的检查。检查吊装弹簧与箱体和外桶之间的挂接是否正常，挂垫是否损坏等，如图 2-102 所示。若挂垫损坏，会产生"吱吱"声，时间长了，还会损坏吊装弹簧与挂接点，应及时更换。

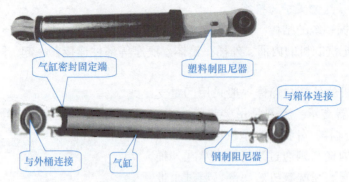

图 2-99　减振器结构图

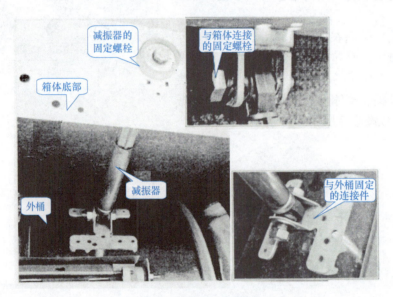

图 2-100　减振器的固定位置

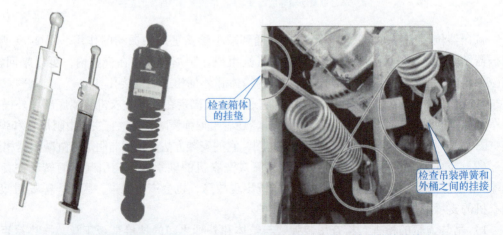

图 2-101　阻尼弹簧减振器的实物图　　　　图 2-102　吊装弹簧及挂垫的检查

2）减振器的检修。将滚筒洗衣机翻转过来，使洗衣机底部向上，检查固定减振器的螺栓、螺母是否松动。若松动，用两把活动扳手配合紧固螺栓、螺母。

洗衣机使用久了，减振器的阻尼器与气缸之间的润滑剂会用尽或干涸，应取下减振器，将阻尼器从气缸中拔出，加注润滑剂，增强阻尼器与气缸之间的润滑效果，提升减振器的减振能力，如图 2-103 所示。

检查气缸密封固定端口的密封垫是否已损坏，连接是否正常，如损坏会出现漏气，降低减振器的减振能力也会产生噪声。

4. 滚筒式洗衣机的门锁及其检修

滚筒式洗衣机常用门锁有两种：机械门锁和电动门锁。

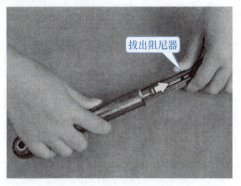

图 2-103 从气缸中拔出阻尼器

（1）机械门锁　滚筒洗衣机的机械门锁是利用洗衣机门上按钮控制的微动开关。微动开关的触点串联在电源电路中，安装在门右侧的箱体内部。关门时，按钮上的爪钩触动门锁微动开关，使其触点闭合，电路接通。门开启时，门微动开关的触点立即断开，洗衣机停止工作，避免伤害操作者，保护操作者安全。

机械门锁的检查。关好洗衣机门，手握门把柄，拇指按下门锁按钮，如图 2-104 所示。如能听到门微动开关接通、断开的声音，说明门开关正常。如听不到声音，说明门微动开关可能已损坏或移位。

如果门锁移位，可以进行调整。调整方法如图 2-105 所示，先用螺钉旋具松开门锁固定螺钉，将门锁安装架向左侧平移适当距离，然后固定螺钉。再检查一下，在门关闭时是否能听到门微动开关发出的声响。

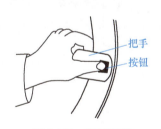

图 2-104　机械门锁

图 2-105　门锁安装位置的调整

如果门微动开关已经损坏，则只有更换。

（2）电动门锁　电动门锁由操作显示面板上的门开关按钮控制，按下开关按钮，门就可以打开了，如图 2-106 所示。电动门锁直接串联在电源电路中，控制电源电路的接通与断开，它的特点是：只要洗衣机还在通电工作，门就不能被打开，也就是在工作状态，按下门开关按钮，门也不会被打开。这样能很好地保护操作者安全，因此，在滚筒式洗衣机中被广泛采用。

1）电动门锁的结构与工作原理。图 2-107 所示为电动门锁的实物图，图 2-108 所示是电动门锁的工作原理，图 2-108a 是电动门锁的内部结构图。从图中可看出电动门锁的内部主要由 PTC 发热元件、双金属片、弹性金属片、触点、塑料插销等组成。

图 2-106 电动门锁的控制

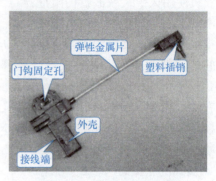

图 2-107 电动门锁的实物图

图中 PTC 发热元件是正温度系数热敏电阻,在常温状态下,它的阻值很小。当温度高于某特定点时,它的阻值会突然增大几十倍甚至更高。生产实践中常利用这一特性将它制作成随温度变化的无触点开关或恒温发热源。

洗衣时关上洗衣机门,起动洗衣机,电动门锁内的 PTC 发热元件得电发热。温度很快就上升到 PTC 发热元件的特定温度点,PTC 发热元件阻值增加,呈高阻状态。由于 PTC 发热元件发热,使双金属片受热向上弯曲变形,使触点开关 S 闭合,同时带动塑料插销向上移动,插入固定板与活动板的小方孔内,使洗衣机的门关闭后不能打开,如图 2-108b 所示。只要 PTC 发热元件中有电流通过,它就作恒温加热,门就无法打开,直到程序结束,程序控制器切断电源,PTC 发热元件因断电而停止发热,双金属片复原,带动塑料插销复位,门才能被打开。

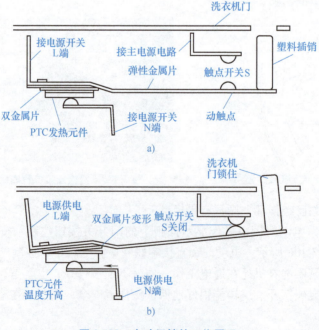

图 2-108 电动门锁的工作原理

a) 电动门锁的内部结构 b) 电动门锁通电工作状态

图 2-109 所示为电动门锁实物接线图。

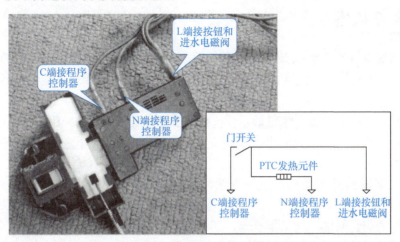

图 2-109　电动门锁实物接线图

2）电动门锁的检修。电动门锁的常见故障主要表现为门打不开；关上门后起动滚筒洗衣机，门灯不亮等。

按下洗衣机门开关按钮但门不能打开。造成该故障的原因可能是弹性金属片与塑料插销脱离所致。拆下洗衣机的门开关，将电动门锁的弹性金属片与塑料插销和活动板重新连接好，即可排除故障。

滚筒式洗衣机关好门后按下电源开关，电动门锁灯不亮。该故障可能是门钩与电动门锁接触不良。检修方法参照机械门锁的同类故障。

若能听到电动门锁发出声响但门锁灯不亮，可能是电动门锁的插接线松动，应认真检查、紧固插接线，如故障仍不能排除，说明电动门锁可能损坏，应更换。

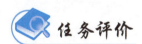任务评价

任务评价标准见表 2-11。

表 2-11　任务评价标准

项　目	配分	评价标准	得分
知识学习	30	1）熟悉滚筒式洗衣机支承减振系统的基本结构与原理 2）懂得滚筒式洗衣机加热系统的组成与原理 3）了解双速电动机的绕组构成	
实践	60	1）会检测加热系统元器件的好坏 2）能检测双速电动机绕组的好坏 3）会检修支承减振系统的常见故障 4）会检修电动门锁的常见故障	
团队协作与纪律	10	遵守纪律、团队协作好	

思考与提高

1. 滚筒式洗衣机的支承减振系统主要包括_____、_____和_____。外筒与箱体一般采用两重支承。下部是_____支承，上部是_____支承。减振器是由呈细长状的_____和_____组成。

2. 滚筒式洗衣机的加热系统包括_____和温控器，温控器普遍采用_____。

3. 双速电动机有_____套绕组，采用_____起动，其中_____绕组用于洗涤，_____绕组用于脱水。

4. 电动门锁的内部主要由_____发热元件、_____、动触点、静触点、塑料插销等组成。

5. 简述电动门锁的结构和工作原理。

6. 简述滚筒式洗衣机支承减振系统是如何工作的。

项目四　全自动洗衣机的故障及其排除

> ● 职业岗位应知应会目标 ●
> 1. 懂得全自动洗衣机的检修程序。
> 2. 能快速准确地判断全自动洗衣机的常见故障点。
> 3. 能熟练应用仪表检测全自动洗衣机控制元器件的好坏。

全自动洗衣机自动化程度高、功能比较齐全，因此，其控制元器件也较多，使用中由于受到磨损、使用不当或零件加工与装配质量差等原因，会导致洗衣机出现故障，影响洗衣机的正常使用。

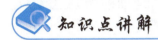

一、洗衣机的检修程序

1. 初步了解

询问用户，了解洗衣机的使用情况，发生故障时的情况及其他有关情况。同时，观看洗衣机的铭牌及贴在机体上的电路图等，初步了解洗衣机的基本性能。

2. 检查外观及各个操作开关

查看洗衣机的新旧程度、洗衣桶表面的光洁程度、机体表面有无锈蚀等，以判断洗衣机的使用情况。查看电源线和电源插头有无松动、破损、断裂等。查看各旋钮和按键有无断缺、破损、操作是否灵活自如。查看波轮有无松动、正反转是否灵活。查看脱水桶是否破损、转动是否灵活等。

3. 检查各部件

检查各按键、按钮是否操作灵活，复位是否正常及有无错位等现象。检查排水是否正常、有无漏水和渗水等现象。检查电源线，应完整无损并有一定的抗拉能力。

4. 检查电气部分

使用万用表、绝缘电阻表测量直流电阻值、绝缘电阻值，以判断线路有无断开、电动机绕组有无断路、短路和绕组绝缘损坏造成接地等。

洗衣机电路部分对机箱的绝缘电阻值应不小于5MΩ。洗涤电动机两绕组（运转绕组与起动绕组）的直流电阻值相等，脱水电动机运转绕组的直流电阻值小于起动绕组的直流电阻值。

电气控制部件控制的电路可与一个或两个电气驱动部件形成通路。对于只接通一个电气驱动部件的情况，可用万用表接电源插头的两个铜插片，测量其电阻值，以判断该电气控制部件与电气驱动部件有无故障；对于同时接通两个电气驱动部件的情况，必须分别测量这两个支路的电阻值,以判断有无故障。对于只有在通电时才能接通的电路,只能用测量电压的方法来判断有无故障。

减速离合器是全自动洗衣机的关键部件,通过它完成各种洗涤、脱水工作。减速离合器的拆装与维修十分困难,修理中一定要慎重。一定要先进行电气检查,确认电气部分正常后,再进行机械检查。对于减速离合器,应先检查棘爪、制动杠杆等控制部件是否正常,再检查其他部位,最后确定是否需完全拆开修理或更换。

5. 通电检查

通电检查时,如果洗衣机无任何反应,则说明电源进线上有断路故障;如果起动洗衣机时,电源熔丝熔断,则说明电动机控制电路中有短路故障;如果洗涤或脱水的某一状态不能运行,说明离合器或离合器控制部件有故障。

通电检查应逐步进行。首先检查电源插座是否有电,电源熔丝是否完好,洗衣机的电源线是否完好,插头与插座是否接触良好。在电源正常的情况下,再进行以下检查:

1)检查洗衣机是否漏电。用验电器接触洗衣机的机箱,验电器的氖泡应不发光。如果氖泡发出较亮的光,则说明洗衣机漏电。

2)检查运转是否正常。将洗衣机设置为洗涤状态,检查洗涤情况;设置为脱水状态,检查脱水情况。主要观察运转是否平稳,听有无异常噪声。洗涤运转时,还应注意检查波轮是否正反向运转等。

3)检查联动保护开关是否可靠。当打开洗衣机上盖时,洗衣机电动机的电源被切断,制动装置动作,使洗衣机立即停转。应检查此联动保护开关是否灵敏可靠。

4)检查电动机的温度是否超过允许值。洗涤电动机与脱水电动机通常都采用 E 级绝缘,其温升不应超过 75℃。

6. 修理后试机

修理完毕,用绝缘电阻表检测整机的绝缘电阻应不小于 2MΩ;用万用表检测电动机绕组的电阻值;用手拨动波盘,转动应灵活;测量电源电压应为 220V。一切正常后,通电试机,注意倾听有无异常声响、观察运转是否平稳等。

二、波轮式洗衣机的常见故障与排除方法

波轮式洗衣机常见故障及排除方法见表 2-12。

表 2-12 波轮式洗衣机常见故障及排除方法

故障现象	可能的原因	排除方法
不进水	1) 水龙头没打开 2) 水龙头打开,但电源插头接触不良 3) 进水电磁阀过滤器堵塞 4) 进水电磁阀阀体内积有污垢 5) 进水电磁阀线圈断路或短路 6) 水位开关不通或接触不良 7) 程控器出现故障	1) 打开水龙头 2) 将电源插头插牢 3) 清理过滤器 4) 拆下进水电磁阀,进行阀体内部清理 5) 修理进水电磁阀或更换 6) 修理水位开关或更换 7) 更换或修复程控器
进水已至预定水位,仍进水不停	1) 进水电磁阀损坏,造成不能完全关闭 2) 进水电磁阀进入杂物,造成关闭不好 3) 水位开关连接部位或储气室的连接部漏气 4) 水位开关本身不良	1) 更换进水电磁阀 2) 拆下进水电磁阀清理杂物或更换进水阀 3) 修理连接部位,将其密封好 4) 修理或更换水位开关

（续）

故障现象	可能的原因	排除方法
进水状态不良，进水时间过长	1) 检查水压是否过低 2) 进水管连接口过滤网堵塞 3) 进水电磁阀阀芯、阀弹簧锈蚀，膜片堵塞 4) 排水电磁阀漏水	1) 若水压过低，则不必修理 2) 清理过滤网 3) 清理阀体内部，更换阀弹簧，阀芯除锈 4) 修复或更换排水电磁阀
洗涤程序电动机不运转	1) 电源电压太低 2) 洗涤的无触点开关接触不良 3) 电容器断路、击穿或容量不足 4) 电动机断路、短路或绝缘损坏 5) 程控器故障 6) 减速离合器有故障	1) 检查电源电压，低于190V应停止使用 2) 修复或更换 3) 焊好断线或更换电容器 4) 修复或更换电动机 5) 更换程控器 6) 修复或更换减速离合器
洗涤时波轮不能反转	1) 电容器接线处有一根断开 2) 线路接错 3) 电动机换向接线中有一根断开 4) 程控器损坏 5) 减速离合器有故障	1) 重新焊好断线 2) 纠正接错的线 3) 找出断线并焊接好 4) 修理或更换程控器 5) 检查拨叉是否脱落，并修理离合器
电动机单向旋转，间隙时间长	1) 换相开关损坏 2) 棘轮与离合器齿轮嵌合不良 3) 离合器弹簧的爪折断	1) 更换换相开关 2) 更换离合器弹簧，并注意润滑 3) 更换离合器弹簧
洗涤时脱水桶跟转	1) 制动臂调整失灵 2) 刹车松 3) 离合器弹簧滑动或折损	1) 调整制动臂的安装位置 2) 调节离合器的顶开螺钉，减少它与摆动板之间的距离 3) 更换离合器弹簧
洗涤时声音异常	1) 波轮中夹有异物 2) 离合器弹簧有故障 3) 离合器紧固不好	1) 拆下齿轮，清理异物 2) 更换离合器弹簧，并注意润滑 3) 加强紧固力
洗涤时振动过大	1) 波轮内套磨损造成偏心严重 2) 波轮轴偏心或弯曲 3) 传动带装配太紧 4) 洗衣机安放不平稳 5) 带轮不在一个平面 6) 洗衣机的减振机构松脱	1) 调换波轮 2) 调换波轮轴 3) 调整传动带，使松紧合适 4) 调整支脚，使洗衣机放置平稳 5) 调整两个带轮，使其在同一平面 6) 修理并紧固减振机构
洗涤效果不佳	1) 洗涤水量过少，衣物过多，洗涤不均匀 2) 传动带过松，波轮转速下降 3) 电压过低，使波轮达不到额定转速，在非正常情况下工作 4) 洗涤方法不当 5) 洗涤剂加入量不合适	1) 增加水量，减少衣物 2) 适当调整传动带张力 3) 停止使用或用调压器将电源电压升高 4) 按照说明书的规定改进操作方法 5) 根据洗涤物的脏污程度合理放入洗涤剂

（续）

故障现象	可能的原因	排除方法
进水漂洗时，进水常停止	1) 溢水回路动作 2) 进水阀线圈故障	1) 检查调整排水量 2) 更换进水阀
不能脱水	1) 安全开关接触不良 2) 内桶与外桶间存在异物 3) 衣物太多 4) V带过松或脱落 5) 大油封未装好，卡住了脱水桶 6) 程控器故障 7) 程控器与排水电磁铁间回路断线 8) 排水电磁铁动作不良 9) 制作带未松开 10) 传动轴上的棘轮松动	1) 修理触点或更换安全开关 2) 将异物清除 3) 适当减少衣物 4) 调整V带或更换新带 5) 拆下内桶，重安大油封 6) 更换程控器 7) 修复断线处 8) 更换排水电磁铁 9) 使制作带与制作盘松开 10) 紧固棘轮，修理离合器
脱水运转后又停止	1) 洗涤物放置不平衡 2) 洗衣机安装不好，摇晃或倾斜 3) 安全开关接触不良	1) 重新将衣物放置均匀 2) 重新安装洗衣机，并调整好平面 3) 修理或更换安全开关
脱水时强烈振动，有异常声音	1) 洗衣机安装不好，倾斜或摇晃 2) 洗衣机的脱水桶没有装正 3) 洗涤物缠绕在一起，不平衡 4) 吊杆位置没装好或吊杆脱落 5) 悬吊洗涤桶的减振装置失效，造成洗涤桶不平衡 6) 脱水桶本身松动，脱水时产生上下窜动 7) 轴承严重磨损	1) 重新按说明书要求安装洗衣机并调整好 2) 重新吊装脱水桶 3) 将衣物均匀放置 4) 重新安装吊杆 5) 修理悬吊减振装置，并更换其中的零件 6) 用手握住脱水桶，拧紧内外桶固定螺母 7) 更换轴承
脱水桶制动性能不佳	1) 制动带严重磨损 2) 门开关失灵，电动机运转不停止 3) 制动松紧螺钉松动 4) 脱水内桶衣物不平衡，造成运行不正常 5) 程控器故障	1) 更换制动带 2) 调整或修理门开关 3) 紧固螺钉，并调好棘爪位置 4) 将衣物均匀放置并压实 5) 更换程控器
脱水效果不佳	1) 排水系统堵塞 2) 电容器的电容量变化 3) 电动机故障，使转速下降，转矩减小 4) 电动机带轮组的固定螺钉松动	1) 清理排水系统 2) 更换电容器 3) 修理或更换电动机 4) 紧固带轮组的固定螺钉
不排水	1) 洗衣机上盖未盖好 2) 门安全开关失效 3) 程控器故障 4) 阀门弹簧脱落或排水道堵塞 5) 牵引器线圈断路或短路	1) 盖好上盖 2) 修理或调整门安全开关 3) 更换或修理程控器 4) 把阀门弹簧装回原位，清理水道 5) 更换牵引器

模块二　电动器具的原理与维修

（续）

故障现象	可能的原因	排除方法
排水不畅	1）排水阀失灵或堵塞 2）排水管接得过长，影响流量 3）排水软管安装位置未降低 4）排水软管扭结或残渣积聚堵塞 5）排水电磁铁行程不够	1）修理排水阀 2）洗衣机与排水沟的距离最好控制在0.6~1m以内，不宜过长 3）降低排水软管安装位置 4）拆下排水管，重新安装或清理管内残渣 5）调整调节架上的螺钉，保证电磁铁行程
不能停止排水	1）异物堵塞，阀门衬垫变形 2）电磁铁被卡住而分不开	1）除去异物，更换阀门衬垫 2）更换电磁铁
排水时噪声很大	1）电源电压不稳定或过低 2）电磁铁吸合面生锈	1）待电源电压稳定后再开机 2）用砂纸轻磨去吸合面上的锈

三、滚筒式洗衣机常见故障及其排除方法

滚筒式洗衣机常见故障及其排除方法见表2-13。

表2-13　滚筒式洗衣机常见故障及其排除方法

故障现象	可能的原因	排除方法
接通电源后指示灯不亮，洗衣机也不工作	1）电源插座没有电压 2）门微动开关移位，造成门开关接触不良 3）门微动开关或电源开关损坏	1）检查电源供电是否正常 2）调整门微动开关位置，修理门开关触点 3）修理或更换门微动开关或电源开关
指示灯亮，但洗衣机不进水、不工作	1）水压不足或无水压 2）进水电磁阀损坏或导线插头脱落 3）水位开关或导线故障 4）微处理器工作不正常	1）检查水压 2）修理或更换电磁阀，插好导线插头 3）修理或更换水位开关，接好中断的导线 4）修理或更换微处理器
水位太高或无限制地流入	1）进水电磁阀被堵塞，造成关闭不良 2）通向压力监测件的空气腔或空气管失灵 3）水位开关动静触点松动，距离增大 4）微处理器失控	1）清洗电磁阀 2）更换失灵部件 3）调整触点距离 4）修理或更换微处理器
水流到预定水位，但滚筒运转失灵	1）传动带打滑或松脱 2）电动机插头松开 3）电动机故障 4）电容器短路或断路	1）更换传动带或调整传动带张力 2）把插头插紧 3）修理或更换电动机 4）更换电容器
洗涤时只向一个方向旋转	电动机换相开关失灵或换相接线松动	更换电动机开关或重新插好线

（续）

故障现象	可能的原因	排除方法
滚筒旋转时噪声大	1) 滚动轴承磨损 2) 轴密封圈故障 3) 电动机轴承磨损	1) 换滚动轴承及轴密封圈 2) 更换密封保护环 3) 更换电动机轴承
前视孔渗水	1) 紧固螺栓的螺母松动或松脱，造成密封不严 2) 门密封圈的唇口变形或破裂 3) 玻璃碗外圆不圆或损坏	1) 将钢丝卡圈紧固螺母上紧 2) 更换密封圈 3) 更换玻璃碗
洗衣机底部漏水	1) 排水管与外筒连接处松动 2) 过滤器的连接管松动或波纹管有孔洞 3) 外筒底部波纹管未压平 4) 转轴与轴承配合间隙太大 5) 排水管安放位置不当，低于规定高度	1) 重新安装紧固螺母或弹簧夹 2) 紧固过滤器连接卡环，更换波纹管 3) 使波纹管与外筒压平 4) 更换轴承，使配合适宜 5) 按照说明书的规定，安放排水管不能直接置于地面
洗衣机插上电源时机壳带电	1) 接地线松脱或断线，接地螺钉松动 2) 电动机、电容器、微处理器、加热管、传感器、水泵等元器件绝缘水平降低 3) 电源插座、插头不标准	1) 重新紧固接地螺钉，使接地线可靠接地 2) 修理一般绝缘不良的元器件，更换严重漏电的元器件 3) 采用标准的三芯插座
选择加热洗涤程序时，不能加热	1) 电加热器的插头松开 2) 电加热丝断路 3) 微处理器失灵，导致加热器未接通电源 4) 温控器故障	1) 插紧插头 2) 更换电加热器 3) 更换微处理器 4) 更换温控器
排水不畅	1) 排水过滤器堵塞 2) 外筒与排水口连接处有异物堵塞 3) 排水泵故障	1) 清理排水过滤器 2) 清理异物 3) 检修排水泵
在无水状态下通电后洗衣机即开始加热	1) 水位开关动合触点接通（损坏） 2) 修理后连接导线接错	1) 更换水位开关 2) 将线路连接正确
滚筒不转动，但工作程序继续进行	1) 电源电压过低 2) 电容器故障 3) 压力监测元器件没恢复原位，空气腔堵塞 4) 电动机带轮松动 5) 电动机故障	1) 检查电源电压，等恢复后再用 2) 更换电容器 3) 清洗空气腔 4) 紧固带轮安装螺钉 5) 修理或更换电动机
电动机无声且不转动	1) 电源插头、插座接触不良 2) 插头连接线断开 3) 熔丝烧断 4) 电容器开路或击穿 5) 开关接触不良 6) 电动机故障	1) 调整插头、插座，使之接触良好 2) 接好断开处 3) 更换熔丝 4) 接好断线或更换电容器 5) 调整开关接触点 6) 修理或更换电动机

模块二　电动器具的原理与维修

(续)

故障现象	可能的原因	排除方法
电动机有声，但滚筒不转动	1) 洗涤物过多 2) 滚筒与外筒有摩擦 3) 电源电压过低 4) 电容器容量变化	1) 减少洗涤物 2) 重新调整内、外筒之间的间隙 3) 暂停使用，待电压恢复再使用 4) 更换电容器
熔丝随换随断	1) 导线、插头等短路 2) 电动机绕组短路	1) 检查导线、插头，排除短路 2) 修理电动机
电动机、滚筒不按正常周期运转或电动机不停	1) 微处理器线路故障 2) 电动机开关失灵 3) 线路接线错误	1) 更换微处理器 2) 修理或更换开关或零件 3) 按接线图将线路连接正确
洗衣机工作时出现异味	1) 电动机、排水泵运转受阻或质量差 2) 电压过低，使电动机电流增大，温升过高 3) 电动机匝间短路或绕组接地 4) V带过松或过紧，过度摩擦 5) 洗衣机或排水泵受潮，电动机线圈匝间短路	1) 停机检查，排除故障 2) 暂停使用或加装调压器，将电源电压调高到220V 3) 更换电动机 4) 调整V带，使之松紧适度 5) 更换损坏的元器件
滚筒起动太慢	1) 传动带太松或老化损坏 2) 电容器容量变化，影响起动力矩 3) 电动机带轮松动 4) 电动机过载或故障	1) 调整带张力或更换新带 2) 更换电容器 3) 紧固带轮安装螺钉 4) 减轻负载或修理电动机

洗衣机如有故障或声音异常，应先切断电源，查明原因，然后方可动手修理。根据实践经验，检修洗衣机的故障一般按照下列步骤进行：先观察故障现象，初判故障部位和原因，再通过检测验证初判是否正确，最后对故障部分的元器件加以修复或更换。

1. 波轮式洗衣机上电后进水正常，但波轮不转动

故障分析：进水正常，说明市电供电良好。询问用户，最近使用没发现异常。通电观察发现进水结束后，有电动机的"嗡嗡"声，但波轮不转动，用手转动波轮感觉很重。这一故障现象说明程控器（电路板）正常，起动电容器、电动机或离合器有故障。

故障检修：拆开洗衣机后盖，可看到电动机的传动系统与电动机的数据线。将传动带拆下，用手转动波轮，波轮转动良好。再检测起动电容器，发现正常，问题只能出自电动机。在断电的情况下用手转动电动机的带轮，较灵活。在通电的情况下再用手转动电动机的带轮，很沉重，几乎转不动。这说明电动机内部两套绕组间可能有短路。

检测电动机起动/运行绕组（二者的特性相同）的电阻值及二者的串联电阻值，然后进行电阻值比较，以此判断电动机两套绕组间是否存在短路。

单相异步电动机的起动与运行的公共端（参见图2-15）一般情况下用黑色线引出，起动/运行绕组用棕色和红色数据线引出。

将万用表置于R×10挡并调零，检测电动机的棕色线与黑色线之间的电阻值约为4.3×

113

10Ω。同样，检测电动机红色线与黑色线之间的电阻值约为 3.2×10Ω。检测电动机红色线与棕色线之间的电阻值约为 5.4×10Ω。

检测结果显示起动与运行绕组的电阻值不相等且红、棕色线间的电阻值不等于起动与运行绕组的电阻值之和，说明起动与运行绕组间存在相间短路。需更换电动机或修理电动机绕组。

波轮式全自动洗衣机电动机绕组结构见附录 A。

2. 滚筒全自动洗衣机进水量小，进水时间长

故障分析：全自动洗衣机进水量小，可能是进水电磁阀故障或水压太小。

故障检修：检查进水压力并不小，怀疑进水电磁阀有问题。拆下洗衣机背后的进水管，打开洗衣机的上盖，看到电磁阀的线圈有明显的变色并散发有焦臭味。这说明电磁阀线圈已经部分烧坏，还没有完全烧坏。因此，通电后电磁阀铁心没完全打开，导致进水量小。拧下进水电磁阀的固定螺钉，取下进水电磁阀。用万用表电阻挡检测其电阻值只有 2kΩ 左右。正常情况下，其电阻值应在 4~5kΩ。进一步确认电磁阀损坏，更换同型号的电磁阀后试机，故障排除。

3. 滚筒式全自动洗衣机进水不止

故障分析：用了 5~6 年的洗衣机到达预设的水位仍继续上水。据用户反映，前一段时间水位总是超过预设的水位后才停止进水，因此，每次水位预设低一挡也能勉强使用。到达预设的水位仍一直进水不停，可能是进水电磁阀、水位开关或微处理器控制板的故障。如果水位开关出现故障，水位达到预设的水位后，其电气触点不转换，微处理器不能接收到水位转换信息，进水电磁阀一直开启就会出现进水不止的现象。

故障检修：首先检查进水电磁阀。判断进水电磁阀是否完好，最简单的办法是在进水状态下，拔下电源插头或按下"ON/OFF"按钮，停止洗衣机的工作状态。如果洗衣机继续进水，表明进水电磁阀已损坏，且主要为机械故障。如果洗衣机立即停止进水，则说明进水电磁阀完好。经检查，进水电磁阀正常。

其次检查水位开关。滚筒式全自动洗衣机的水位开关通常安装在洗衣机的顶部，由密封良好的压力软管把它与盛水桶底部的水位管连接起来，如图 2-110 所示，其工作原理与波轮式全自动洗衣机的水位开关工作原理一样。拆开洗衣机顶盖和后盖，发现盛水桶底部的水位管与压力软管的连接处有渗漏水滴，说明水位开关的气压传感装置漏气，不能使水位开关的触点转换，导致进水不止。

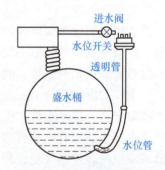

图 2-110 水位开关的安装

为了检查其他部位是否也有漏气的可能，可采用向水位开关气压传感装置吹气的方法进行检查，具体作法是：拔下压力软管，边用嘴向压力软管内吹气，边用万用表的电阻挡检测电气触点。如能听到水位开关动作的"咯哒"声，同时观察到电气触点能正常转换，即常闭触点由通变断，常开触点由断变通，就说明水位开关完好。否则，水位开关气压传感装置内部还有漏气点，应进一步认真检查。如果是压力软管的故障可更换一根。如果是水位开关内部气室漏气，则只能更换整个水位开关。

经检查，只是盛水桶底部的水位管与压力软管的连接处漏气。去掉漏气损坏部分，重新插牢管头并用管夹夹紧。同时将压力软管用硬线固定在外桶的工艺孔上，减少洗衣机脱水时较强的振动，防止压力软管的连接处再次损坏或松脱。

修复水位开关的气压传感装置后，给洗衣机上电，试运行正常，故障排除。

4. 波轮式洗衣机的排水阀关闭不严

故障分析：发现一台用了多年的洗衣机在洗涤过程中总是出现间断的加水声，后断电洗衣机停止工作，发现洗衣机内的水逐渐减少到全部流完，这说明排水阀关闭不严。排水牵引器（排水电动机或排水电磁铁）断电后，排水阀是靠外弹簧的压力将橡胶阀紧紧堵压在阀座上，使排水阀门关闭。因此，造成排水阀关闭不严的主要原因有外弹簧锈蚀导致压力下降；或者阀体内有杂物堆积，使橡胶阀不能与阀座紧密接触。

故障检修：首先进行外弹簧压力检查。在断电的情况下，用手拉排水阀的拉杆，如用很小的力就能拉动拉杆，说明外弹簧已失效。如有较强的拉力，说明外弹簧压力正常。

其次检查排水阀内部。用尖嘴钳拔出排水电磁铁固定衔铁的开口销，分离排水电磁铁与排水阀。排水阀内部结构如图 2-111 所示，卸下排水阀盖，检查有无杂物堆积在阀体内。如有，应加以清理，重新装配好就能恢复正常。如果外弹簧已严重锈蚀，应换上同样规格的压簧，否则会影响阀门的正常开启和关闭。

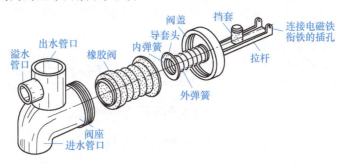

图 2-111　排水阀内部结构

5. 波轮式洗衣机不能脱水，指示灯闪烁并发出"嘟嘟"声

故障分析：这种现象是微处理器控制型洗衣机中门安全开关引起的特有故障。因门安全开关电路未接通，使微处理器判断为洗衣机盖未合上而自动转入保护程序的一种表现。

故障检修：检查时，应重点检查门安全开关接触是否正常；门安全开关与微处理器的接插件有无松动或脱落等。检查触点可用万用表测电阻法（可参见图 2-76）或采用短路法（将门安全开关的引脚用导线短接）。如果是松脱，可重新装牢；如果门安全开关的触点接触不良，无法修复，只能更换。

6. 滚筒全自动洗衣机不能脱水

故障分析：洗衣机工作正常时，排水结束，水位开关复位，自动进入脱水过程。经检查，洗衣机洗涤、排水正常，说明洗涤电动机正常，应检查水位开关是否复位；双速电动机的高速绕组和电容器是否有故障。

故障检修：经检查，水位开关复位正常。电容器也是好的。

打开洗衣机后盖，用手转动带轮，无卡滞现象。用万用表电阻挡检查双速电动机的高速绕组，其两套绕组的电阻均为无穷大，说明公共端存在断路现象。

若洗涤电动机能正常运行，公共端不应存在断路现象。仔细检查洗涤电动机的两套绕组，电阻也均为无穷大，说明公共端确实存在断路现象。公共端串联过热保护器，从上述现象说明"断路"是过热保护器动作所致，检测过热保护器电阻值呈无穷大。

由于洗涤电动机过载等原因，电动机发热，电动机过热保护器动作或电动机过热保护器动作温度偏低，在洗涤电动机正常工作过程中发热而动作，使洗衣机不能脱水。如果经常出现此故障，说明过热保护器动作温度偏低。如果是偶尔发生此故障，说明是过载，只要待电动机温度降下来，过热保护器复位后故障即排除。

知识拓展 电子消毒柜的结构与工作原理

电子消毒柜又称为电子消毒碗柜，是深受广大消费者喜爱的一种新潮家用厨房电器。电子消毒柜为防止病毒的交叉传染、保障人们的身体健康，提供了安全、便利的条件。它广泛应用于现代家庭、办公室、会议室、写字楼、宾馆酒店以及餐饮和医疗卫生等领域。

电子消毒柜集餐具消毒、烘干、保洁、储存于一体。根据工作原理的不同，电子消毒柜可分为高温型电子消毒柜、低温型电子消毒柜和高温臭氧双功能电子消毒柜。

一、高温型电子消毒柜

1. 基本结构

高温型电子消毒柜是采用远红外线石英电热管发热实现高温消毒的电子消毒柜。它主要由箱体、碗架、远红外线石英电热管、密封型双金属片温控器、柜门、电源开关、指示灯等组成，其结构如图 2-112 所示。此种消毒柜具有升温迅速、穿透能力强、杀菌效果好、消毒彻底、免蒸煮、无高压、无残毒留存、无污染、安全可靠等优点，而且工作时没有气味产生，兼有烘箱辅助功能，可用来对金属、陶瓷、玻璃等制成的餐具和茶具进行消毒杀菌。

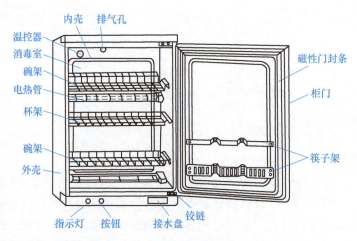

图 2-112 高温型电子消毒柜的结构

2. 工作原理

高温型电子消毒柜电气原理如图 2-113 所示。图中热熔断器的作用是当消毒柜内出现非正常工作和温控器 ST 失灵超温时，热熔断器自动熔断，起保护作用。按下 SB 按钮，SB 电路接通，开始消毒，ST 为密封式 U 形双金属片温控器。KA 为交流电磁继电器，KA_1、KA_2 是它的两组动合触点，HL 为电源指示灯，R 是降压电阻，EH_1、EH_2 为远红外线石英电热管。

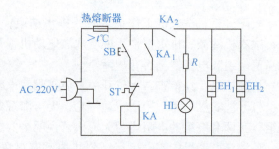

图 2-113 高温型电子消毒柜电气原理

二、低温型电子消毒柜

1. 基本结构

低温型电子消毒柜是利用臭氧发生器产生电晕放电，放出臭氧来杀灭病毒和细菌的一种电子消毒柜。图 2-114 所示为低温型电子消毒柜的实物，图 2-115 所示为其基本结构，它主要由箱体、臭氧发生器、定时器、指示灯等组成。其箱体采用无毒工程塑料注塑而成。上壳与底座之间构成的空腔为消毒室，上壳通常由不透明或淡茶色塑料制成，底座端面为有凸出的裙缘，刚好与上壳裙边吻合，臭氧不易外泄，起到密封和保温的作用。

图 2-114 低温型电子消毒柜的实物

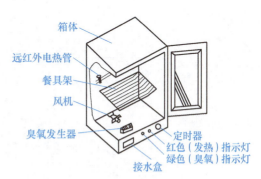

图 2-115 低温型电子消毒柜的基本结构

2. 工作原理

现以某品牌电子保鲜消毒柜为例说明其工作原理。它是一种低温型电子消毒柜，其电路如图 2-116 所示，电路由臭氧发生器和定时器两部分组成。

（1）臭氧发生器　臭氧发生器电路由双向晶闸管、升压变压器和臭氧玻璃管等组成。当交流电源为负半周（下正上负）时，VD_2 导通，VD_1 截止，双向晶闸管 VT 不能被触发，电源经 R_{11}、L_1、C_9、VD_2 对 C_8 充电，并很快充满。当电源处于正半周（上正下负）时，VD_2 截止，VD_1 导通，双向晶闸管被触发导通，充满电荷的电容 C_8 通过 L_1、VT 进行瞬间放电，使 L_1 上产生较大的瞬间放电电流，并在 L_2 上感应出较高的感应电动势。此高压加在臭氧玻璃管上，使玻璃管表面的空气电离而产生臭氧。

（2）定时器　臭氧发生器是由定时器控制其工作的，这里由 NE556 双时基集成电路组成间歇式定时器。间歇式定时器使臭氧发生器工作一段时间后停歇一段时间，并如此反复。工作定时器和间歇定时器分别由 NE556 的 A 和 B 两个单稳态单元组成，两定时器互相耦接在一起。当电源接通瞬间，B 单元复位端 10 被 R_9、C_5 强迫复位，9 脚输出低电平。同时电源通过 R_8 向 C_7 充电。由于 C_7 的作用，A 单元 6 脚起始电压低于 $\frac{1}{3}U_C$，A 单元先被触发，5 脚输出高电平，发光二极管 VL_2（绿色）点亮，同时继电器 KA 得电触点吸合，使臭氧发生器开始工作，工作时间由 R_4、C_3 决定。随着电源通过 R_4 向 C_3 的充电，2 脚电压上升，当达到 $\frac{2}{3}U_C$ 时，A 单元翻转，5 脚输出低电平，VL_2 截止，继电器 KA 失电触点释放，臭氧发生器停止工作。5 脚输出的低电平翻转时下降沿经 C_6 送至 B 单元触发端 8 脚。此时 C_5 已充电完毕，B 单元处于自由工作状态，故 B 单元被触发，其输出端 9 脚由低电平变为高电平，VL_1 被点亮，臭氧发生器进入停歇阶段，停歇时间由 R_5、C_4 的充电时间常数决定。经过一段时间后，C_4 两端电压即 12 脚电位升至 $\frac{2}{3}U_C$ 时，B 单元定时结束，9 脚变为低电平，信号的下降沿经 C_7、R_8 微分电路送至 A 单元触发端 6 脚，再次将 A 单元触发，A 单元输出高电平，臭氧发生器再次工作。如此循环，达到保鲜目的。若手动控制消毒时，则臭氧发生器第一次停止工作后，即可关掉电源。

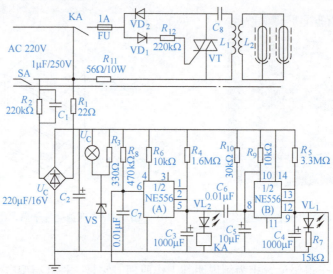

图 2-116　某品牌电子保鲜消毒柜电路图

三、干燥消毒柜

以 GX-36B/46B/56B 型干燥消毒柜为例介绍这类消毒柜的特点、结构与工作原理。

1. 特点

1）强力臭氧低温消毒。
2）热风烘干餐具水分，可协同杀菌消毒。
3）电子控制，使用方便。
4）壁挂式结构，不锈钢内胆，全新豪华外观，流行色彩，可与厨具配套。
5）滑道式门体结构，节省空间。
6）使用面广，节能省电。

2. 结构

干燥消毒柜的基本结构如图 2-117 所示，它主要由餐具架、臭氧发生器、滑道式门体、干燥消毒室、底框架、门开关、接水盒、控制板等组成。

3. 工作原理

主要技术指标如下：

模块二 电动器具的原理与维修

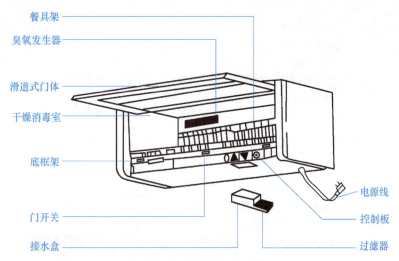

图 2-117 干燥消毒柜的基本结构

电压：AC 220V；频率：50Hz；总功率：320W；防触电保护类别：Ⅰ类电器。
加热器：AC 220V，250~300W；加热器限温器：$T_f=90℃$；恢复温度：67~70℃。
加热器热熔断器熔断值：$T_f=105℃$。
风机：AC 220V，20W，转速为2450r/min；臭氧发生器：峰值电压>3kV。

干燥消毒柜电气工作原理如图 2-118 所示。干燥消毒柜采用臭氧低温消毒和热风烘干协同实现消毒。电子控制电路使臭氧管在 3kV 以上的高压下工作，产生适量臭氧。臭氧具有很强的氧化性，在高浓度、高湿度、常温环境下具有很好的杀菌消毒作用。餐具洗好后放进消毒柜，表面是湿的，正好适合臭氧消毒。

臭氧管先工作30min 再停止 15min，利用已产生的臭氧巩固消毒效果。消毒后臭氧会自行分解，一般情况下，15min 臭氧会分解一半，然后自动进入烘干程序。烘干功能一方面协同消毒，将残留细菌杀灭，另一方面烘干餐具表面的水分，彻底消除细菌病毒的滋生环境。

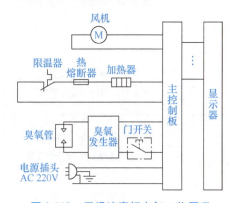

图 2-118 干燥消毒柜电气工作原理

4. 干燥消毒柜的常见故障与检修方法

干燥消毒柜在使用中会出现各种故障，表 2-14 是干燥消毒柜常见故障检查、判断与检修方法。

表 2-14 干燥消毒柜常见故障检查、判断与检修方法

故障现象	检查方法、步骤	故障判断	维修方法
吹冷风	① 断电，用万用表电阻挡检查限温器、热熔断器是否通路	通路	按步骤②检查
		断路则为限温器或热熔断器损坏	更换加热器

（续）

故障现象	检查方法、步骤	故障判断	维修方法
吹冷风	② 上电，使消毒柜处于加热烘干状态，检查控制板加热器输出端有无 AC 220V 输出	无输出	更换主控板
		有输出	按步骤③检查
	③ 加热器连接导线是否通路	不通	更换导线
		通	更换加热器
不吹风	检查主线路板，在上电烘干工作状态下加热器输出电压应为 AC 220V，风机应为 AC 220V	不是	更换线路板
		是	检查线路或更换电动机
臭氧管不工作	① 检查电源是否接通	是	按步骤②检查
		否	接通电源
	② 检查关门后，门开关是否导通	是	按步骤③检查
		否	在门中部铁片下加垫片，将铁片加高
	③ 检查门开关按下后是否导通	是	按步骤④检查
		否	更换门开关
	④ 检查臭氧管的控制部分有无输入信号，控制板是否正常	没有，不正常	检查控制板
		有，正常	更换臭氧管
整机不工作或控制失灵	① 上电试验，指示灯不亮 ② 检查控制板输出是否正常		若电源正常，更换控制板；电源不正常更换可靠电源再试，输出正常，检查各部件；输出不正常，更换控制板
	③ 控制时间不准或程序混乱，检查附近有无电磁干扰源	有	去掉干扰源
		无	更换控制板

任务评价

任务评价标准见表 2-15。

表 2-15 任务评价标准

项 目	配分	评价标准	得分
知识学习	40	1) 懂得全自动洗衣机的检修程序 2) 熟悉全自动洗衣机的常见故障及其检修方法	

(续)

项 目	配分	评价标准	得分
实践	50	1）会检测电动机绕组的好坏 2）能熟练应用仪表检测全自动洗衣机器件的好坏 3）能准确分析、判断全自动洗衣机的故障点	
团队协作与纪律	10	遵守纪律、团队协作好	

1. 全自动洗衣机洗涤正常，不能脱水的主要原因是什么？如何处理？
2. 全自动洗衣机脱水时噪声大是由哪些原因造成的？
3. 全自动洗衣机脱水时制动失灵，主要是由哪些因素造成的？
4. 滚筒洗衣机的指示灯亮，但不进水、不工作，应如何处理？
5. 滚筒洗衣机旋转时噪声大，应如何排除？

应知应会要点归纳

1. 电动器具的核心部件是电动机，家用电动器具中的电动机一般采用单相异步电动机。洗衣机和电风扇一般为电容运转式单相异步电动机，小功率电风扇可采用罩极式异步电动机作为动力源。

2. 单相异步电动机的结构与三相异步电动机大体相似，主要由笼型转子、定子及定子绕组和附件等组成。定子绕组由两套沿定子内圆相隔90°电角度的绕组组成，一套是主绕组（工作绕组），另一套是副绕组（起动绕组）。起动绕组串联合适的电容后与工作绕组并联，加上220V交流电，电动机才能起动。

一般情况下，小功率单相异步电动机的公共端在电动机内部已连接并引出一根线，这样，电动机就只有三根引出线：公共端线、工作绕组引出线、起动绕组引出线。

3. 当单相异步电动机的工作绕组与起动绕组的参数（线径、匝数、线圈数）相同时，例如洗衣机电动机，将两套绕组的功能互换，电动机就能反转。

对于两套绕组的参数不相同时，将工作绕组或起动绕组中任一绕组的首端与尾端对调后接入电源，即可改变磁场的旋转方向，从而改变电动机的转向。

4. 电风扇有台扇、转页扇、落地扇、吊扇等，常用电风扇的电动机一般采用电容运转式单相异步电动机，其主要控制器件有电容器、定时器、调速电抗器或调速按键、安全开关（防倒开关）等。电风扇的调速方式包括电抗器调速、绕组抽头调速、无级调速、电容器调速、PTC元件调速、电子调速等。

台扇调速与控制电路比较简单，通过调速按键和定时器控制；吊扇通过调速开关如电抗器、晶闸管调速开关等控制电动机的转速与起动、停止。

5. 洗衣机按结构形式分为波轮式和滚筒式。波轮式全自动洗衣机。洗涤过程中由于电动机需要频繁正、反运转，故要求其起动转矩大、过载能力强，通常采用电容运转式单相异步电动机，其主、副绕组的匝数、线径等参数均相同。

6. 波轮式全自动洗衣机包括洗涤（脱水）与传动系统、进排水系统、支承减振系统和电气控制系统等几部分。波轮式全自动洗衣机的洗涤桶和脱水桶合二为一，通过离合器控制其完成洗涤与脱水工作任务。

7. 目前，生产和销售的全自动洗衣机均采用微处理器控制，它应用微处理器作为程序控制器的核心，通过多种检测信号如水位、门（盖）开关、重量等控制进水阀、排水阀、电动机等，使洗衣机能按程序进行智能化洗涤、漂洗、脱水等过程，全过程不需要人工参与。

8. 滚筒式洗衣机是目前比较流行的一种机型，具有水耗少、衣物磨损小、洗衣量大等优点。滚筒式洗衣机也分外桶和内桶，外桶用来盛洗涤液，内桶用来盛放衣物，内桶可在外桶中旋转。洗涤时，电动机的12极绕组工作拖动内桶在外桶中以较低速度有规律地正、反向旋转，带动衣物在其中揉搓和捶打，将衣物洗涤干净。脱水时，电动机的2极绕组工作，拖动内桶（滚筒）高速旋转甩干衣物。

滚筒式洗衣机一般做成带有加热器的形式，用热水洗涤以增强洗涤效果。

9. 洗衣机进水电磁阀、排水电磁阀或牵引器的线圈得电时，阀门打开，洗衣机进水或排水。排水时，波轮式全自动洗衣机离合器的制动臂受牵引钢丝拉动使离合器的棘爪从棘轮上脱离（退出棘轮），为脱水桶运行作准备。排水完毕，排水阀关闭，牵引钢丝被释放，制动臂使离合器的棘爪插入棘轮中，为波轮洗涤、漂洗作准备。

滚筒式洗衣机采用排水泵排水，排水扬程高，不受位置限制，安装方便。

进、排水电磁阀和电动机是微处理器的输出负载，工作电压都是 AC 220V。待机状态时，进、排水电磁阀的电压为 180V，电动机的待机电压为 0。

10. 门（盖）安全开关起保护用户的安全和防剧烈振动的作用。门（盖）安全开关和水位开关是微处理器的检测器件，其通、断作为微处理器的输入信号，其端口检测电压为 DC 5V。

进水电磁阀、门（盖）安全开关、水位开关安装在洗衣机的围框上，排水电磁阀或排水泵、电动机安装在洗衣机的底部。

11. 洗衣机的支承减振系统是减少噪声的重要装置。波轮式洗衣机的支承减振装置主要是吊杆组件，它由挂头、吊杆、减振毛毡和阻尼装置等组成，其中减振弹簧是吊杆组件的核心部件，用于减振和吸振。

滚筒式洗衣机的支承减振装置主要由悬吊拉簧、减振器和平衡块等组成。

减振系统的故障主要是减振毛毡破损、润滑不良或挂头脱落等。

12. 电动器具维修程序

1）向用户询问情况。询问用户电动器具的使用情况与故障发生时情况。

2）检查外观与各操作开关、旋钮。

3）检查机械部分。切断电源，用手拨动转动部件，观察转动是否灵活等。

4）检查电气部分。首先检查电容器是否良好，有无断路、短路、容量不足等故障；然后用万用表与绝缘电阻表检查电动机、控制器件的电阻值、绝缘电阻值，以分析、判断电动机、控制元器件有无损坏等故障。

5）维修完毕，测试并通电试运转。

模块三

微波炉的原理与维修

微波炉作为现代厨房电器已经走进千家万户。微波炉的诞生，使食物的加热方式发生了根本的变化。传统的炉灶加热食物，都是通过加热锅底，将热量从食物表面传导到食物内部进行烹饪；而微波炉，顾名思义是用微波加热食物，对食物的内外同时加热，因此，具有加热速度快且省电、无污染等特点，给人们的生活带来方便。

• 职业岗位应知应会目标 •

1. 熟悉微波炉的基本结构，能熟练拆装微波炉。
2. 懂得微波炉的工作原理，能读懂微波炉电路图。
3. 会检测诊断微波炉主要元器件的好坏。
4. 能迅速分析、判断微波炉故障范围并能检修微波炉常见故障。

任务一 微波炉的拆装与结构认知

任务引入

微波炉是一种较为特殊的家用电器，工作时机内不仅存在高电压、大电流，而且还有微波辐射。因此检修微波炉，必须掌握微波炉的正确拆装方法，才能防止微波泄漏和避免维修时遭受高压电击和微波辐射。

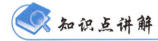
知识点讲解

1. 微波的产生

微波炉工作时，磁控管阳极与阴极间加上经高压整流产生的 3kV 以上的直流电压，使灯丝通电，给阴极加热，使电子逸出。电子在电场力的作用下向阳极运动，电子在运动过程中，同时还受到磁场力（洛伦兹力）的作用。在两种力的共同作用下，电子沿螺旋轨迹向阳极运动，进入谐振腔中产生电磁振荡而输出微波，经天线进入波导管引入炉腔，便可加热食物。

由于阳极套装于阴极的外面且为高电压,为使用安全需要将阳极接地,所以,阴极须接直流高压电源的负极。

磁控管发射的微波量受磁场强度、阴极和阳极之间电压差、磁控管温度、天线等因素影响。因此,在使用和存放磁控管时,要按说明书要求进行,特别要注意远离强磁场,以免降低永久磁铁的磁性。应用中,保持天线清洁是至关重要的,否则将会造成微波功率在输出器(天线)上损耗而使自身发热,严重时可使该部位的真空封结遭到破坏,损坏磁控管。

微波炉在工作过程中,如果磁控管阳极的温度过高,则会影响磁控管的稳定性和使用寿命。因此,在磁控管阳极块外安装有散热片帮助其散热,同时还设有风扇进行强制风冷。另外,还要在磁控管外安装限温保护开关,如图3-5a所示,在磁控管温度超过限定值时,自动切断磁控管供电电源,停止磁控管的工作,从而保护磁控管。

2. 微波的特性

微波是一种超高频率的电磁波。微波具有反射性、穿透性、吸收性三种特性。

(1) 反射性 微波在传输过程中,碰到金属会被反射回来。根据这一特性,常用金属材料来阻隔微波。例如,用金属板材制作微波炉的壳体、内腔和波导等部件,用金属网栅外加钢化玻璃制作玻璃观察窗。微波在炉腔内壁所引起的反射作用,会使微波来回穿透食物,以增强加热效率。因此,微波炉内不能使用金属器皿盛放食品加热,否则会影响加热时间,甚至引起炉内放电打火,损坏元器件。

(2) 穿透性 微波在传输过程中,对一般的陶瓷、玻璃、耐热塑胶、木器、竹器等具有穿透作用,微波很少被这些材料所吸收,所以,这些材料可制成微波炉烹调用的最佳器皿。

(3) 吸收性(致热特性) 各类食品都会吸收微波能量并转化成热能。

微波与其他电磁波一样,都具有辐射性,对无线电通信、广播、雷达等都会造成干扰,并且过量的微波对人体还会有害。我国标准规定:微波炉在工作过程中,在离微波炉5cm处,微波泄漏必须控制在$1mW/cm^2$内。目前,市场上销售的微波炉基本能够把微波泄漏控制在国家标准规定的限定值内,知名品牌的微波泄漏量已达到了国家标准限定值的几十分之一甚至百分之一。

一、器材准备

微波炉一台,电工工具一套。

二、微波炉的外观观察

图3-1所示是微波炉的外形结构。它由炉门及联锁开关、炉腔、转盘、炉灯、操作显示板、玻璃观察窗等组成。

(1) 炉门及联锁开关 炉门安装在炉体(整机安装的支架)前面,用于存取食物,向

模块三 微波炉的原理与维修

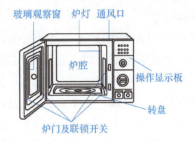

图 3-1 微波炉的外形结构

内观察被加热食物烹调情形，更重要的是用于防止微波泄漏。微波炉的炉门由金属框架和玻璃观察窗组成，炉门的观察窗由两层钢化玻璃夹一层微孔（0.2cm 左右）金属网组成。炉门边装有两个门钩，炉门关闭时，两个门钩同时挤压炉体内的门联锁开关，锁紧炉门并使炉门电气开关闭合。炉门联锁开关结构（打开微波炉机盖即可看到）示意如图 3-2 所示。在炉门和门框之间装有吸收微波的铁氧体材料或在门的四周做成带有抗流小槽的结构，实现炉门的电气密封。生产设计对炉门防微波泄漏特性的要求非常高。

（2）炉腔 炉体内侧称为炉腔，是盛放食物并对食物进行加热的场所。炉腔壁通常用能反射微波涂有非磁性材料的金属板（通常为钢板、铝板或不锈钢板）制成。炉腔必须做到密封性好，以保证微波泄漏低于安全极限值。

（3）转盘与波形（微波）搅拌器 为使食物加热均匀，微波炉底部安装有转盘（旋转工作台）。它的中心是一个拨爪盘，利用微电动机和减速机构带动拨爪盘缓缓转动。

有的微波炉炉腔底部不设置转盘机构，而是在炉腔顶部设置搅拌器，使被加热食品均匀吸收微波。有的微波炉在炉腔内侧装有多条反射条，使微波分布均匀。

波形搅拌器的结构类似于一个电风扇，安装在炉腔内顶部的微波出口（波导管出口）处，它

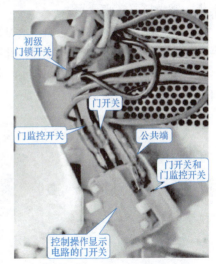

图 3-2 炉门联锁开关结构示意

可以改变炉腔内微波场分布，从而使加热更加均匀。它的叶片一般用硬铝镁合金制作，扇叶旋转速度较低，为每分钟几转到几十转。

（4）炉灯 炉灯用于微波炉炉腔照明。具有烧烤功能的微波炉还安装有石英管，为烧烤提供热源。

（5）操作显示板 操作显示板用于微波炉开/关机、火力（功率）选择、定时和微波炉工作状态显示。

三、微波炉的机盖拆装与炉门联锁开关的认识

微波炉的机盖与机壳之间采用雌雄接口和螺钉固定，较严密，能防止微波泄漏伤人。

（1）微波炉机盖的拆卸 拆下微波炉两侧面及后背的左右螺钉就可卸下机盖，方法如图 3-3 所示，一只手按住炉身，另一只手先将盖板后部向上抬起 10°~20°角，用力向后拉出

即可取下铁皮盖板。

（2）炉门联锁开关的认识　炉门联锁开关是炉门联动的一组开关，可保证微波炉只有关上炉门后，微波炉才能工作，是用户在使用过程中防止微波泄漏的重要措施，因此也称炉门联锁安全开关。

炉门联锁开关一般包括三个：初级门锁开关、次级门锁开关、门监控开关。这三个开关均为微动开关，固定在炉门专用支架上，其断开与闭合受炉门的控制。炉门打开时，初级和次级门锁开关为断开状态，门监控开关为接通状态。炉门关闭时，初级、次级门锁开关为接通状态，门监控开关为断开状态。

（3）机盖的装配　机盖和炉身结合处是凸凹接口，装配方法如图3-4所示。

第一步，左手按住盖板前上部，右手用力向前推到底，如图3-4a所示。拧上微波炉背部左上角一个螺钉（不要太紧）。

图3-3　微波炉机盖的拆卸

第二步，右手微微抬起盖板右边（从微波炉正面看）后部，左手按住盖板右侧前下部，右手再将盖板压下用力前推，使右侧盖板和机身的凸凹接口吻合，如图3-4b所示。再拧好右侧螺钉。

第三步，松开第一步拧上的螺钉，交换两手，用同样的方法，使左侧盖板和机身的凸凹接口吻合，拧好所有螺钉，装盖完成。

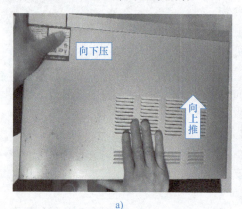
a)

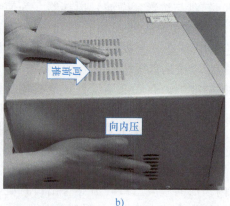
b)

图3-4　微波炉机盖的装配

a）上盖板的装配　b）右边盖板的装配

四、微波炉内部结构认识

拆下微波炉的机盖就可以看到微波炉内的元器件及其布局，如图3-5所示。微波炉主要由磁控管、波导管、天线、机械控制组件、炉体和电气控制系统等部分组成。

（1）磁控管　磁控管是微波炉的心脏，它把直流电能转变成微波能，是产生和发射微波的真空器件。家用微波炉的微波频率为2450MHz，工业部门用来烘烤、干燥和消毒的微波炉的微波频率为915MHz。磁控管实物图如图3-6所示，磁控管结构示意图如图3-7所示。

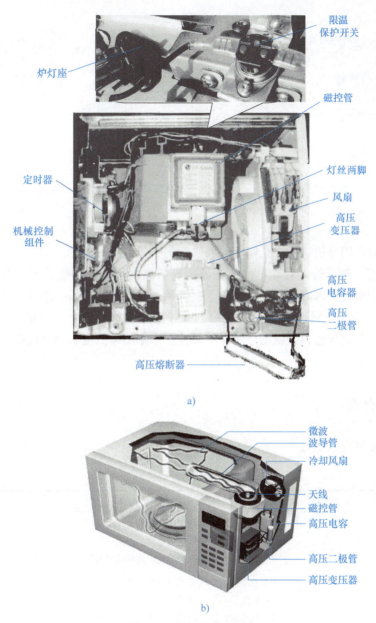

图 3-5 微波炉内部结构
a）实物图　b）示意图

磁控管由灯丝、阴极、阳极、天线（微波能量输出器）和永久磁铁四个部分组成。

灯丝作用是给阴极加热，一般采用钍钨丝或纯钨丝绕成螺旋状。

阴极用来发射电子，以满足磁控管正常工作需要。一般采用发射电子能力很强的材料制成。

阳极是用来接收阴极发射的电子。通常采用导电性好、气密性好的无氧铜制成，同轴套装在阴极之外，如图 3-7b 所示。阳极内面（朝阴极的面）开有偶数个扇形孔，称为谐振腔。每个谐振腔就是一个微波谐振器（相当于 LC 并联谐振器），可以产生微波。

图 3-6 磁控管实物图

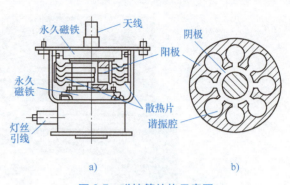

a) b)

图 3-7 磁控管结构示意图

a) 磁控管的结构 b) 阳极与阴极结构图

永久磁铁的作用是提供一个与阳极轴线平行的强磁场。

（2）波导管　波导管是由导电性能好的金属组成的矩形空心管，用于微波的传输。它将磁控管产生的微波全部限制在波导管内，一端接微波输出口，另一端接入炉腔。

（3）天线　天线是微波能量输出装置，一般制成条状或棒状，一端接磁控管的阳极，另一端延伸输出至波导管，天线的作用是将磁控管产生的微波电磁场能量耦合出来输送给负载（食物）。

任务评价

任务评价标准见表 3-1。

表 3-1　任务评价标准

项　目	配分	评 价 标 准	得　分
知识学习	40	1）熟悉微波炉的外部结构与特点 2）懂得磁控管的结构与微波的产生 3）熟悉微波的特性和微波炉加热器皿的选用	
实践	50	1）熟悉微波炉内部元器件的布局 2）能熟练拆装微波炉的机盖 3）熟悉微波炉门联锁开关的位置与特点	
团队协作 与纪律	10	遵守纪律、团队协作好	

思考与提高

1. 微波炉炉门的重要作用是防止＿＿＿＿＿＿，炉门的玻璃观察窗由＿＿＿＿＿＿组成，炉门边装有＿＿＿＿＿＿个门钩，作用是＿＿＿＿＿＿。

2. 微波炉在炉门和门框之间装有＿＿＿＿＿＿材料或在门的四周做成＿＿＿＿＿＿结构，实现炉门的电气密封。

3. 微波具有_____特性，因此微波炉内不能使用_____器皿盛放食品加热，原因是_____。微波炉烹调用的最佳器皿是_____。

4. 简述微波炉机盖的拆装方法。

5. 简述磁控管的结构与微波的产生。

任务二 机电控制型微波炉的电路分析与元器件检测

微波炉的烹调火力由功率大小决定，而功率大小则由磁控管连续发射微波的时间所决定。机电控制型微波炉的加热时间是通过机械式定时器和功率调节器等来控制的。

1. 机电控制型微波炉电路的结构与电路分析

目前，市场上微波炉品牌很多，整机电路各有差异，但其基本结构和工作原理是相同的，图 3-8 是机电控制型微波炉的典型控制电路图。它由市电输入、机械定时器（功率控制器）、转盘电动机、风扇电动机、温度（过热）保护器、联锁开关、高压变压器、高压电容、高压二极管、磁控管、熔断器等组成。从电路上看，以高压变压器为界可分为一次电路（电源控制电路）和二次电路（高压整流电路）两部分。

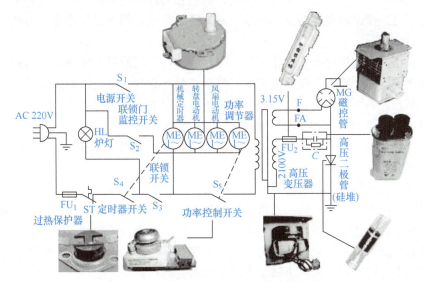

图 3-8 机电控制型微波炉的典型控制电路图

由电路图可知，高压变压器的低压绕组为磁控管的灯丝提供 3.3V 左右的低电压，使灯丝给磁控管的阴极加热，逸出电子。高压变压器还输出 2kV 左右交流电压，经高压二极管

（硅堆）及高压电容器组成的半波倍压整流电路后，变成峰值达 4kV 左右的脉动直流高压，加到磁控管的阴极与阳极上，产生微波。

烹饪食物时，插上电源，关好炉门，此时门联锁开关 S_3 闭合，联锁门监控开关 S_2 断开，然后设置好定时时间，选择好加热功率，则定时器开关 S_4 和功率控制开关 S_5 闭合，炉灯点亮，最后按下电源开关 S_1 闭合，电路接通。定时器电动机、转盘电动机（转换电动机）、风扇电动机开始运转，高压变压器通电，磁控管工作产生微波。微波经波导管引入炉腔，对食品进行加热。当设置的定时时间一到，则定时器开关 S_4 断开，切断电源，加热结束。

图中定时器和功率控制器实为一体，简称定时器，是机电控制型微波炉的专用器件。图 3-9 所示是定时器、功率控制器的结构，它采用电动机驱动式，使用时旋动旋钮设定定时时间（中间的旋钮）后，定时器触点闭合。但只有当炉门关上即联锁开关闭合后，电动机才会通电。定时时间一到，定时器触点断开，切断微波炉的电源。功率控制器一般也由定时器电动机驱动。通过功率控制器选择旋钮，带动凸轮轴机构来控制功率开关的闭合。通常有五挡功率（最上面的旋钮）可供选择，以满足加热、烹调时的不同要求。功率控制器实际上是调节磁控管的平均工作时间（磁控管是断续工作制），即控制磁控管的工作、停止时间比例，达到调节微波炉平均输出功率。

图 3-9　定时器、功率控制器的结构

为了保证微波炉的正常工作和安全使用，人们在设计时采取以下几个措施。

为安全起见，变压器高压绕组的一端、磁控管的外壳、阳极必须接地。因此，阴极为负高压。

为了防止用户在使用过程中操作失误，泄漏微波，炉门的三重联锁开关起到了重要的防护作用。打开炉门时，初级门锁开关和次级门锁开关应断开、门监控开关应闭合。这样，初级门锁开关断开，切断了微波系统供电，以防止微波辐射；次级门锁开关断开，也切断了微波系统供电。如果初级、次级门锁开关都损坏（如粘接熔焊），在炉门打开后仍为接通状态，此时门监控开关将输入电路短路，使熔断器熔断，切断整机 220V 供电电源，从而实现三重防止微波泄漏。

初级门锁开关一般串联于微波炉的主电路中，而次级门锁开关和门监控开关则因微波炉型号的不同而连接方式不尽相同。在机电控制型微波炉中，次级门锁开关一般串联于微波系统的供电电路中，而在微处理器控制型微波炉中，次级门锁开关则接于微处理器的炉门检测引脚。在机电控制型微波炉中，门监控开关一般和 220V 输入电路并联，而在部分微处理器控制型微波炉中，门监控开关则串联于微波系统供电电路。

为了确保微波炉的正常使用，防止磁控管因过热损坏，在微波炉磁控管的外壳上还安装了一个过热保护器。当微波炉失控或空载运行使磁控管的温升超过额定值时，过热保护器动作使常闭触点断开，切断电源，保护磁控管。

2. 机电控制型微波炉的电路检修

微波炉电路的检修应根据故障现象并结合微波炉电路的信号流程，逐一进行故障排查。图 3-10 所示是微波炉电路的检修流程图。当微波炉出现故障时，应据故障现象进行分析，确定故障范围，分块（范围）检修。

图 3-10　微波炉电路的检修流程图

在故障检修过程中，确定了故障范围后，需对重点怀疑的元器件正确检测，才能找到故障点，排除故障。因此，元器件检测是故障检修的基本要点。

一、器材准备

机电控制型微波炉一台，万用表、绝缘电阻表各一块，螺钉旋具、尖嘴钳、扳手各一把，电烙铁一把，焊丝、聚苯乙烯绝缘带若干，微波泄漏检测仪一台。

二、元器件检测

断开电源，拆开机盖，可以看到微波炉中重要的元器件。**注意，检测前不要让微波炉工作，要让它充分冷却并应对高压电容放电，断开高压变压器绕组的连接线路等准备工作。**

（1）高压变压器的检测　高压变压器一次绕组接入交流 220V 交流电压，经二次高压绕组升压输出 2kV 左右，灯丝绕组位于一次绕组和二次（高压）绕组的中间，降压输出 3.15~4V 电压。因此，一次绕组线径粗、匝数少，二次（高压）绕组线径细、匝数多，灯丝绕组匝数也少。图 3-11 所示是高压变压器的实物与结构图，其中高压绕组的一端变压器外壳接地。

 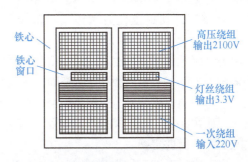

图 3-11　高压变压器的实物与结构图

高压变压器的好坏主要用电阻法和观察法进行检测和判断。正常情况下，高压变压器外观无烧焦状态，用万用表 R×1 挡测量，一次绕组电阻值正常应为 1.5~2.5Ω，灯丝绕组阻值极小，约为 0，二次（高压）绕组阻值较大，约为 90~150Ω。

若测得高压变压器除灯丝绕组外的任一绕组阻值都较小，说明高压变压器局部有短路现象。若测得高压变压器某绕组阻值为∞，说明高压变压器出现断路。在实际维修过程中，出现高压变压器高压绕组、一次绕组匝间局部短路现象较多，从而引起微波炉运转电流增大且有异味、冒烟，甚至烧坏电源熔断器；而发生绕组断路现象比较少。

（2）高压电容器的检测 微波炉中的高压电容器为其专用件，它的耐压可高达 2100V 以上，电容量在 1μF 左右。内部并联有一只 9MΩ 的电阻，用于微波炉停止工作后为高压电容器提供一个放电通路。图 3-12 所示是高压电容器的实物与检测方法。

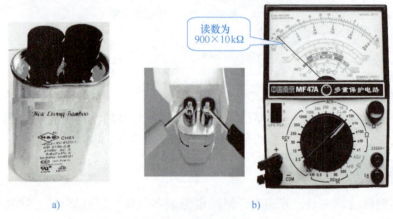

图 3-12　高压电容器的实物与检测方法
a）实物图　b）检测方法

将指针式万用表置于 R×10k 挡，两表笔分别接高压电容器两极，正常情况下，表针迅速摆向 0 后又慢慢向∞方向返回，最后读数稳定在 9MΩ 上，如图 3-12b 所示；将电容器短接放电，交换两表笔，重复上述过程。如果万用表的读数为 0，则说明高压电容器短路；如果测量时万用表指针没有摆动过程，而是电阻值始终指示 9MΩ 或∞，则说明该电容器失效或断路；正常情况下，高压电容器两极对外壳电阻应为∞。

（3）高压二极管的检测 高压二极管也是微波炉专用器件之一，如图 3-13 所示。它在电路中的作用是整流，其耐压在万伏以上，额定电流为 1A。

图 3-13　高压二极管

用万用表电阻挡检测高压二极管好坏的方法与检测普通二极管相同，但要选择 R×10k 挡（内部需装有 6V、9V 电池供电）。否则，正反向电阻值相差不大，影响判断。正常情况下，高压二极管正向电阻一般应为 150~450kΩ，反向电阻应为∞。测量时，若正反向电阻均为∞或 0，则说明高压二极管断路或短路；若正反向电阻值偏离正常值较大，则说明高压二极管性能变坏，需要更换。

如果万用表内没有装 6V 或 9V 电池，也可以用 R×1k 挡测量，但需用交流电源—灯泡法进一步验证（**此方法必须在老师的监督下进行**）。用 R×1k 挡测量，如果测得正反向电阻值为 0，说明高压二极管击穿短路；如果测得正反向电阻都很大或为∞，不能说明是坏的，需进一步用交流电源—灯泡法检验。图 3-14 所示是交流电源—灯泡法检测高压二极管好坏的方法，注意，图中只能用 40W 的灯泡作负载。

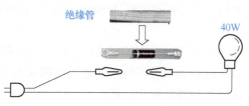

图 3-14　交流电源—灯泡法检测高压二极管

将高压二极管用绝缘管套上，用鳄鱼夹分别连接二极管两个接线端，然后将插头插入电源插座，正常情况下灯泡发出暗淡的亮光，如果灯泡不亮，说明二极管开路。如果发出正常的亮光，说明二极管短路。

（4）高压熔断器　图 3-15 所示是高压熔断器的实物与测量图。熔芯包裹在耐高压的外壳中，检测其好坏时，需将外壳从扣口处打开，方能测量熔芯好坏，如图 3-15b 所示。

a）　　　　　　　　　　　　　　b）

图 3-15　高压熔断器的实物与测量图

a）实物图　b）熔芯好坏测量

（5）磁控管的检测　磁控管的好坏一般用万用表电阻挡测量灯丝电阻的方法来判断。检测前，一定要先将高压电容器放电，拔下高压变压器的接线插头和磁控管的灯丝接线插头。用万用表 R×1 挡测量磁控管的灯丝两接线柱之间的电阻值，其阻值应极小（为零点几欧）。如为∞，说明磁控管灯丝断路，可将磁控管灯丝底座打开，图 3-16 所示为磁控管检测图。如果是引线脱焊，补焊后将磁控管灯丝底座恢复即可；如果是内部灯丝烧断，只能用同规格磁控管代换。

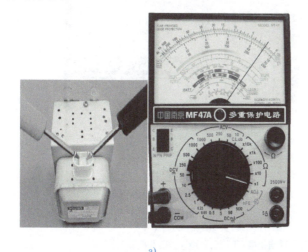

a）　　　　　　　　　　　　　　b）

图 3-16　磁控管检测图

a）磁控管检测图　b）磁控管灯丝底座

天线与外壳是导通的，电阻值应为0。灯丝对磁控管的外壳电阻，用 R×10k 挡测量电阻值应为∞。

检测磁控管时，在炉门或机壳打开的情况下，不允许试机。在机壳打开检测电源控制电路，试机时必须拔掉高压变压器一次侧插头方可进行。

在实际检测维修中，磁控管失效、老化也很常见，用电阻法无法测量出来，只能通过逐级检查各个元器件的性能逐个排查判断。磁控管常见的损坏形式有失效、性能变差、灯丝开路、天线打火等。

（6）炉门联锁开关的检测　炉门有三个联锁开关：初级门锁开关、次级门锁开关、门监控开关。它们均为微动开关，固定在炉门专用支架上，在炉门打开和关闭时，触点进行通、断转换。正常的闭合、断开时有微小的触点转换声音。图 3-17 所示是炉门联锁开关的检测方法。

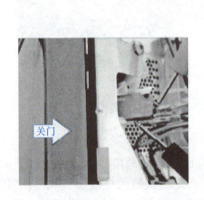

a)

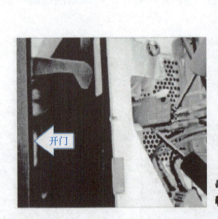

b)

图 3-17　炉门联锁开关的检测方法
a）门联锁开关导通检测　b）门联锁开关断开检测

对两引脚炉门联锁开关，将万用表置于 R×10 挡，两表笔分别接开关的两个引脚，当炉门联锁开关正常时，关闭炉门时阻值应为0，打开炉门时阻值应为∞。

对三引脚炉门联锁开关测试时同样将万用表置于R×10挡，一支表笔接中心触点（COM）引脚，另一支表笔依次接另外两个引脚。当炉门联锁开关正常时，一组电阻值应为0，另一组电阻值为∞；关闭炉门或按动开关时，则两组测量结果应相反，即原为0的一组为∞，原为∞的一组变为0。

（7）转盘电动机的检测　转盘电动机为微型永磁式同步电动机，通过减速箱驱动转盘以5~10r/min的转速转动。转盘电动机主要用电阻法进行检测，图3-18所示是转盘电动机的实物与检测方法。用万用表R×1k挡进行检测，两表笔分别接电动机定子绕组的两个接线端，正常情况下，电动机冷态直流电阻应在12~16kΩ，若测得的电阻值为∞，则说明定子绕组烧断；若测得的电阻值与正常情况相差较大，则说明定子绕组内部有匝间短路。转盘电动机多数情况下是定子绕组匝间短路，原因主要是肴汁和油污流入转盘电动机所致。

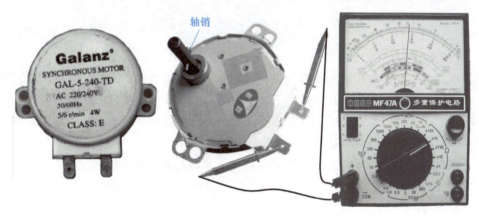

图3-18　转盘电动机的实物与检测方法

（8）风扇电动机的检测　风扇电动机一般采用单相罩极式异步电动机，功率为20~30W，转速为2500r/min左右。它的作用是给磁控管和变压器散热。图3-19所示是风扇电动机的安装位置与检测图。

a)

图3-19　风扇电动机的安装位置与检测图
a）安装位置

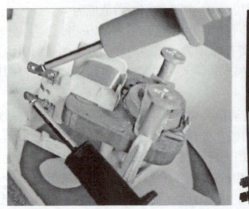

b)

图 3-19　风扇电动机的安装位置与检测图（续）

b）风扇电动机线圈电阻检测图

　　风扇电动机主要用电阻法和观察法进行检测。用万用表 R×10 挡进行检测，两表笔分别接电动机绕组的两个接线端，正常情况下，其电阻值约为 280Ω 左右，若阻值为 ∞，说明线圈内部断线。通常线圈断路，断点往往在接头处，拆开认真检查可以找到断点。若测得电阻值相差太大，说明线圈内部有匝间短路。

　　如风扇电动机有焦臭味，应打开机壳观察，正常情况下，电动机绕组外观无烧焦情形。

 任务评价

任务评价标准见表 3-2。

表 3-2　任务评价标准

项　目	配分	评价标准	得　分
知识学习	40	1）熟悉机电控制型微波炉的电路结构与特点 2）会分析机电控制型微波炉的电路控制原理 3）熟悉微波炉的检修流程	
实践	50	1）会正确拆装微波炉内部元器件 2）会正确使用电工仪表检测、判断微波炉内部元器件的好坏	
团队协作 与纪律	10	遵守纪律、团队协作好	

 思考与提高

1. 微波炉以高压变压器为界，可分为＿＿＿＿＿＿电路或称为＿＿＿＿＿＿电路、＿＿＿＿＿＿电路或称为高压整流电路两部分。
2. 机械定时器实际上是＿＿＿＿＿＿一体化器件。
3. 高压变压器的低压绕组为磁控管的灯丝提供＿＿＿＿＿＿V 左右的低电压，使灯丝给磁控管的＿＿＿＿＿＿加热，同时还输出＿＿＿＿＿＿V 左右的交流高电压，经＿＿＿＿＿＿及＿＿＿＿＿＿组成的半波倍压整流电路后，变成峰值达＿＿＿＿＿＿V 左右的脉动直流电。

4. 功率控制器实际上是调节磁控管＿＿＿＿＿＿工作时间，即控制磁控管的＿＿＿＿＿＿、＿＿＿＿＿＿时间比例。

5. 说一说检测高压二极管的方法与注意事项。

6. 说一说炉门联锁开关的检测要领。

任务三　微处理器控制型微波炉的整机电路分析

由机械部件组合而成的微波炉操作控制系统是机电控制型微波炉的显著特点，它一般用于中、低挡微波炉。高挡微波炉采用由单片机组成的操作、显示、控制系统，它可借助微处理器的记忆功能，按预定的程序完成解冻、加热、功率调节、温度控制、定时起动烹调等，使用起来非常方便。

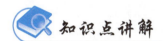

微处理器控制型微波炉与机电控制型微波炉的整机工作原理是相同的，它们的高压整流及微波产生部分都相同，不同的只是控制系统。

1. 微处理器控制型微波炉的主要部件

微处理器控制型微波炉的操作面板由各种功能键、数字显示窗口等组成，除开门按钮是机械式按钮外，其他操作键均为电子式轻触键，预定的程序通过电子式轻触键输入。高挡微波炉还增加了烧烤功能，在同一炉腔内完成微波加热与烧烤两种功能。微处理器控制型微波炉的主要部件如下。

（1）单片机　单片机是微处理器控制型微波炉控制系统的核心部件，它配合传感器电路、按键输入电路、操作执行电路以及电源电路等，就可以自动完成对微波炉的加热时间、加热功率、烹调方式等的控制和转换。生产厂家根据功能需要编制控制程序并写入固化。

（2）显示器与轻触薄膜开关　显示器由发光二极管（LED）组成。轻触薄膜开关用于输入用户的各种指令，使微波炉按用户要求烹饪食品。

（3）蜂鸣器　蜂鸣器用于微波炉操作及产生故障时的声音提示。

（4）石英管　石英管用于给微波炉烧烤提供红外线辐射热源。

2. 微波炉微处理器控制电路分析

图 3-20 所示是微处理器控制型微波炉采用 8048 单片机控制电路。它主要由键盘输入电路、功率控制电路、保护电路以及显示输出电路等部分组成。8048 单片机采用 DC5V 电源供电。

（1）键盘输入电路　键盘输入电路主要包括系统复位键 RES 和 8048 单片机的

P1.0 端口 0~4 引脚，其中引脚 0 和 1 分别用于设置定时时间的秒和分，引脚 2 用于设置调节微波功率，引脚 3 用于设置工作程序，引脚 4 用于设置加热程序的运行等共 6 个功能键。这 6 个功能键都设有上拉电阻，正常状态时为高电平；当有功能键按下时，所对应的 I/O 端口为低电平。

（2）功率控制电路　功率控制电路主要是由继电器 KA_1、KA_2、二极管 1N4001、门电路等元器件组成。当单片机 8048 的 P1.6 端口输出为低电平时，非门输出高电平，二极管 1N4001 导通，继电器 KA_1 线圈被短路而断电释放，相应触点 KA_1 断开，炉灯熄灭；当 P1.6 端口输出为高电平时，二极管 1N4001 截止，继电器 KA_1 线圈得电吸合，相应触点 KA_1 闭合，炉灯亮。当 P1.7 端口输出低电平时，经过对应的两个与非门后仍输出低电平，二极管 1N4001 截止，继电器 KA_2 线圈得电吸合，相应触点 KA_2 闭合，磁控管工作；反之，磁控管断电停止工作。

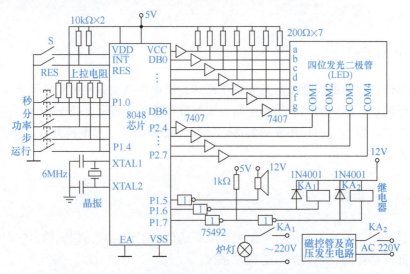

图 3-20　采用 8048 单片机的微波炉控制电路

（3）保护电路　保护电路主要是通过炉门微动开关 S 的通断控制微波炉起动。当炉门未关好或处于开启状态时，炉门微动开关 S 触点接通，单片机 8048 的 INT 中断端口变为低电平，产生外部中断信号，使磁控管断电停止工作；当炉门关好后，微动开关 S 触点断开，若需微波炉继续工作，只要再按下运行键即可。

（4）显示输出电路　显示输出电路由发光二极管组成，采用动态扫描显示。其中，字段显示是由单片机 8048 的 DB0~DB6 端口输出信号控制，位显示则由 P2.4~P2.7 输出端口控制。

3. 微处理器控制型微波炉整机电路分析

图 3-21 所示是微处理器控制型多功能微波炉整机典型电路图。由图 3-21a 可知，微处理器控制型微波炉不仅具有微波加热功能，还增加了烧烤功能。微波/烧烤功能由继电器 KA_3 切换，二者不能同时进行。当 KA_3 切换到烧烤状态时，石英管产生的热辐射对食品进行烧烤，需要增加火力时 KA_4 闭合，上下两只石英管同时加热。

在微处理器控制型微波炉中，各种控制都是通过微处理器控制的。当微处理器接收到人工指令或遥控指令后，由微处理器经内部程序处理后发出控制指令。

用户轻触烧烤功能指令输入到微处理器，经处理后微处理器发出切换继电器 KA_3 指令，进行烧烤，同时根据用户火力要求决定是否闭合继电器 KA_4。

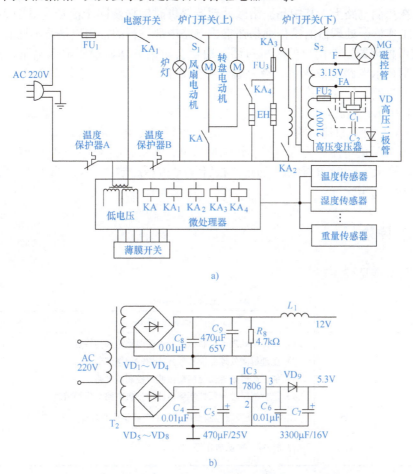

图 3-21 微处理器控制型多功能微波炉整机典型电路图
a) 微处理器控制微波、烧烤多功能微波炉电路图 b) 微波炉低电压供电电路

在微波加热状态下，微处理器根据用户加热火力要求决定继电器 KA_2 闭合与断开的时间比例，调节磁控管的平均工作时间以调节微波炉平均输出功率。有的微处理器控制型微波炉在高压电容两端并联了一个电容，微处理器根据用户加热火力要求决定该处的继电器闭合与断开的时间比例，调节微波炉平均输出功率。当该处的继电器闭合时，C_2 与 C_1 并联，磁控管的振荡频率降低，微波平均输出功率改变。

炉门开关（下）S_2 串联在高压整流电路部分，当炉门没关上或没关好时，S_2 处于闭合状态，高压电路被短接，同时单片机不能工作，磁控管不能工作，进行双重保护，防止微波泄漏。温度保护器 B 为磁控管过热保护器，当磁控管的温度超过限定温度时，温度保护器 B 断开切断电源，微波炉停止工作，炉灯熄灭并报警。温度保护器 A 为炉腔过热保护器，当炉腔的温度超过限定温度时，同样温度保护器断开切断电源，使微波炉停止工作。

当用户的各种需求设定后，按下运行键，继电器 KA 吸合，微波炉进入工作状态，各种传感器向微处理器传送各种即时信号，对微波炉的工作状态进行监控，微波炉完成工作任务后自动停机。

在微处理器控制型微波炉中，微处理器专门制作在控制电路板上，相关外围电路和辅助电路都安装在控制电路上，其中晶振给微处理器提供时钟振荡同步信号（见图 3-20），使微处理器正常工作。微处理器的工作都是在集成电路内部进行的，用户是看不见的，为了实现微波炉（或微处理器）与用户的人机对话，通常会对微处理器设置输入电路，如各种输入操作键和驱动显示电路如数码管、液晶显示器等以操作、显示微波炉的工作状态。微处理器、操作显示电路、驱动电路和执行电路等都需要低电压供电。

图 3-21b 所示是微波炉的低电压供电电路。220V 交流电由减压变压器减压后分为两路：一路经 $VD_1 \sim VD_4$ 桥式整流，再经电容 C_8、C_9 和电阻 R_8、电感线圈 L_1 组成的高低频滤波电路滤波后输出 12V 的电压，为继电器和蜂鸣器供电；另一路经 $VD_5 \sim VD_8$ 整流滤波，再由三端稳压器 IC_3 稳压输出 6V 的电压，通过二极管 VD_9 减压后输出 DC 5.3V 的电压，为微处理器 VCC 和逻辑门供电。

任务评价标准见表 3-3。

表 3-3　任务评价标准

项　目	配　分	评　价　标　准	得　分
知识学习	70	1）懂得微处理器控制型微波炉的电路结构与特点 2）能理解微处理器控制型微波炉的功率调节方法 3）能识读微处理器控制型微波炉控制器电路 4）能分析微处理器控制型微波炉整机电路与保护措施	
实践	25	能说出微处理器控制型微波炉的电路组成及各部分的功能	
团队协作 与纪律	5	遵守纪律、团队协作好	

1. 微波炉微处理器控制电路由　　　　　　、　　　　　　、保护电路和　　　　　　组成。
2. 微处理器控制型微波炉的功率调节是依靠　　　　　　来控制的。
3. 说一说微处理器控制型微波炉与机电控制型微波炉的不同点。
4. 试分析微处理器控制型微波炉整机电路原理。

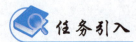

任务四　微波炉故障分析方法与常见故障检修

微波炉电路结构较简单，不同型号的微波炉都有一些共同的特点，掌握这些共性，为检修微波炉进行故障分析提供帮助。微波炉在使用中没有什么危险，但**在维修时必须注意炉内的高电压和微波辐射，因此，维修时一定要特别注意维修安全。**

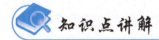

一、检修安全事项

检修微波炉应该在断电的情况下进行，断电后再拆开机盖。检修安全事项如下：

1）检查接地情况。微波炉是为在接地情况下使用而设计的，在使用时需采用具有接地线的三孔电源插座，或将微波炉机壳与接地线有效且可靠地连接在一起。因此，维修前和维修装机后都必须检查接地是否良好。严禁使用两芯导线的电源线起动微波炉。

2）防止高压电击。检修高压部分时，电源断电后需用电工螺钉旋具（带绝缘柄）的金属杆短接电容的两接线端放电，防止高压电击。

3）在接近和更换磁控管时，维修人员如戴有手表或其他金属饰品则必须摘下，防止手表被磁控管磁化或金属饰品遗落在微波炉中。

4）如果带电检修微波炉，必须断开高压电路即高压变压器。

5）检修后试机时必须对下列所有安全装置进行检查：
①熔断器装置是否正常起作用；②炉门有无变形，能否正常关闭；③密封装置和密封面、炉门支架等是否松动或损坏。

6）检修后试机时微波炉不能干烧，应在炉内放置一杯水，也不能使用金属器皿。

7）开机时不得有螺钉、导线段等金属物品插入炉门缝中或任何孔洞中（如通风孔），这些物品会起到天线的作用，产生过量的微波泄漏，或接触到炉内带电部分产生意外。

8）当微波炉已经接通电源后，不要向波导管开口或天线内探望。

二、检修方法与步骤

检修微波炉不要盲目动手，应首先询问用户故障发生的情况，如不会扩大故障，可开机进一步观察故障现象。然后，断开电源拆开机盖查看有无明显的故障痕迹，如熔断器被短路烧毁、机内有无烧焦或焦臭味等，再结合电路原理，按照电源输入→电源控制电路→高压整流电路的顺序进行分析判断，确定故障范围，有目的地进行元器件的检查判断。

对微处理器控制型微波炉通电试机，应认真观察显示屏，以便确认电路板是否工作。插上电源后，不进行任何功能操作，显示屏应显示初始数字和时钟符号。如果显示屏无显示，则是微处理器没有工作；如果显示屏显示符号自动变化、蜂鸣器不停鸣叫，则是微处理器误执行程序，这两种情况下，微处理器一般不会损坏，而应重点检查微处理器的工作条件是否满足。对显示符号自动变化还应检查键盘是否有短路现象。

微波炉常见故障分析与检修内容如下。

（1）炉灯不亮，微波炉也不工作　用户反映，经常使用微波炉烧烤食品，前一天还烧烤过很多食品，这次刚一起动，炉灯闪烁了一下就不工作了。

故障分析：这是典型的全无情形。炉灯闪烁了一下就全无了，说明熔断器烧毁，整个电路无电，其分析方法与检修流程如图 3-22 所示。

故障检修：取下电源插头（断电），拆开机盖，发现熔断器确实烧毁，说明机内有短路情况，怀疑高压电路被击穿。将高压电容器放电，检测高压电路元器件后结果正常，高压电路故障排除。结合图 3-21 电路原理分析，怀疑炉门开关（下）S_2 有问题，再联系用户发现其经常烧烤食品，这样可能对炉门开关有影响，仔细观察发现炉门开关有变形情况，关上炉门检查此开关不能断开（方法参见图 3-17）。拔下此炉门开关线用绝缘带包好，再断开高压电路，更换熔断器，关上炉门试电，结果正常。说明问题在变形的炉门开关（下）S_2，更换后认真装机确认无误，在炉内放入一杯水，按要求试机，一切正常，故障排除。

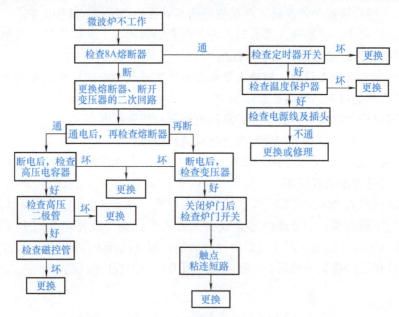

图 3-22　微波炉不工作的故障分析方法与检修流程图

（2）微波炉开机后加热了几分钟，然后变为全停无工作状态

故障分析：这种现象通常是通风不良，温度保护器动作所致。

故障检修：断电拆去机壳，检查风道是否畅通。然后拔掉高压变压器一次绕组的一插头试机，发现风扇不转。拔掉风扇电动机两插头，测量风扇电动机电阻正常，无短路、断路现象，再重新插上风扇两插头试机，风扇恢复正常，很显然此故障是由于风扇插头接触不良所致。把微波炉重新装好，通电试机，工作正常，故障排除。

（3）微波炉电源指示灯亮，按任何操作键都没有反映

故障分析：电源指示灯亮，说明市电供电正常。按任何操作键都没有反应说明问题不在操作键而在微处理器或输入电路。

故障检修：断电拆开机盖，断开高压电路，拆下控制电路板检测微处理器的 VCC 供电端电压，如图 3-23 所示，经检查 VCC 端电压很低，只有 2.5V，正常情况应为 5V。怀疑低压供电电路有问题，检测整流滤波电路输出有 12V 电压，测量方法如图 3-24 所示，测量三端稳压器 7806 输出电压只有 3V，说明三端稳压器 7806 损坏或性能不稳定，更换三端稳压

器，故障排除。

（4）自动停机　微波炉通电后，开始工作时一切正常，但工作一段时间后便自动停机。

故障分析：其主要原因可能是温度保护器起了作用。该机在炉腔顶层内壁设置了一只温度保护器。当炉内温度过高时温度保护器会自动断开，以保护磁控管。

引起微波炉内温度过高的主要原因有：

① 冷却风扇不运转。

② 炉腔内壁空气导管受堵。

③ 炉腔内进、排气管堵塞等。

故障检修：断电拆去机壳，首先检查风道是否通畅。经吹气试验，检查炉腔内空气导管畅通，最后检查发现排气管被一异物堵塞，引起炉腔内温度过高，温度保护器自动断开进行保护。清除排气管内的异物，使其畅通后通电试机，故障排除，微波炉工作正常。

（5）微波炉能烧烤，但不能微波加热，无微波输出

故障分析：微波炉能烧烤但无微波输出，说明问题出在高压电路。

故障检修：先拔掉微波炉电源插头，将高压电容器放电后，用万用表电阻挡测量高压二极管和高压电容器两端电阻，检查发现，在测量高压电容器开始时表针微动即回到 $9M\Omega$，即没有充电过程，表明该电容器容量已基本消失。更换同型号高压电容器，电路恢复正常。

a)

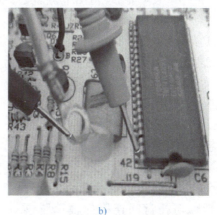
b)

图 3-23　微波炉控制电路板与微处理器供电电源端检测图

a) 控制电路板　b) 微处理器供电电压测量

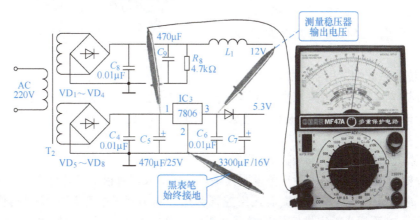

图 3-24　三端稳压器好坏检测

(6) 微波炉不能加热

故障分析：给微波炉通电观察故障现象，炉灯亮，转盘和风扇都运转正常，但不能加热。说明问题出在高压电路。

故障检修：拔下高压变压器输出端与磁控管、高压电容器等的插头即断开高压电路，再通电，测量高压变压器二次低电压绕组的输出电压，发现灯丝绕组有 3.4V 交流电压。认真观察高压变压器高压绕组绝缘层已经变色，怀疑损坏，检测高压二极管和高压电容器正常，进一步确认高压绕组损坏。剥开高压绕组的绝缘盖，明显看到高压变压器绕组烧毁的痕迹。更换后故障排除。

(7) 微波炉加热速度慢

故障分析：此现象可能是由于磁控管发生老化，用逐个排除法检修。

故障检修：首先检查磁控管灯丝电阻，电阻值正常说明磁控管没有损坏。再检查高压电路中变压器、二极管、电容器等元器件也没有发现异常。开机一段时间后停机断电，用手摸摸磁控管表面，感觉很热，说明磁控管已经老化了。更换磁控管后，故障排除，微波炉恢复正常。

(8) 微波炉加热正常但不能烧烤

故障分析：微波炉能加热但不能烧烤，说明整机控制电路和高压电路正常，问题只在烧烤电路。重点检查石英管和烧烤电路熔断器。

故障检修：断电拆开机盖可看到烧烤元器件石英管座和照明灯座等，如图 3-25 所示。经检查，烧烤电路熔断器熔断且有一只石英管开路。

(9) 微波炉工作时噪声、振动大，转盘时转时停，其他均正常

故障分析：微波炉噪声大，有较大的振动说明存在机械故障。观察转盘时转时停，说明问题就在转盘电动机。

故障检修：断电拆下转盘电动机，发现电动机转轴与托盘间连接的轴销脱落（参考图 3-18）。修复后转盘时转时停故障排除，但振动仍然存在，只是减少了。再检查发现风扇电动机支架只有两颗螺钉，运转后振动严重。经修复后微波炉恢复正常。

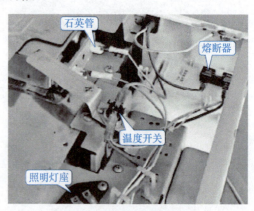

图 3-25 石英管的安装位置图

(10) 使用微波炉专用器皿加热时，炉内打火

故障分析与检修：此现象产生的原因一般是炉腔内波导管的挡板及其他部位污垢较多，波导管挡板的污垢吸收大量微波能，造成局部过热，引起打火现象。清除污垢后，故障排除。

(11) 微波炉炉灯不亮，其他工作正常

故障分析与检修：这一故障现象说明只是炉灯坏了或灯座松动。炉灯是安装在炉腔内的 220V/15W 的螺口小灯泡，灯座安装在磁控管旁边。断电后，右手用尖嘴钳夹住卡子，如图 3-26 所示，左手用小一字螺钉旋具撬出灯座，就可连同小灯泡一起取出来。检查发现灯

泡损坏，更换小灯泡后，故障排除。

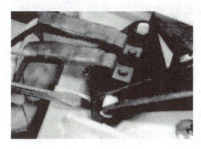

图 3-26　炉灯拆卸过程

（12）微波炉起动键或取消/停止键操作失灵

故障分析与检修：由于起动键或取消/停止键使用频率高而容易损坏，而且固定在操作面板内，无法更换，在检查键控电路板、面板接线排没有问题情况下，将损坏的起动键或取消/停止键处打开，去掉不用，用普通的轻触开关代替，故障排除。

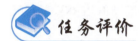

任务评价标准见表 3-4。

表 3-4　任务评价标准

项　目	配　分	评　价　标　准	得　分
知识学习	30	1）能理解微波炉检修安全事项 2）掌握微波炉检修方法与步骤	
实践	60	1）会分析微波炉常见故障并能制定检修流程 2）会正确使用电工仪表检测、判断微波炉故障，能顺利排除各种常见故障 3）故障检修时无故障扩大或元器件损坏现象	
团队协作与纪律	10	遵守纪律、团队协作好	

1. 说一说微波炉检修安全注意事项。
2. 机电控制型微波炉照明灯亮但不能加热，试分析故障原因并说明检查方法。
3. 微处理器控制型微波炉开机不工作，试分析故障原因。

应知应会要点归纳

1. 微波炉是靠微波加热食物的厨房电器，其内部存在高电压大电流，因此检修时必须正确拆装微波炉，防止微波过量泄漏，避免维修时遭受高压电击和微波辐射。

2. 微波炉主要由磁控管、波导管、天线、机械控制组件、炉体和电气控制系统等组成。

磁控管是微波炉的心脏，是产生和发射微波的真空器件。它由灯丝、阴极、阳极、天线和永久磁铁四部分组成。微波炉工作时，磁控管阳极与阴极间加上经高压整流产生的4kV左右的直流电压，使阴极逸出的电子在电场力和磁场力的作用下，沿螺旋轨迹向阳极运动，进入谐振腔中产生电磁振荡而输出微波，经天线进入波导管，引入炉腔加热食物。

机械控制组件主要是炉门联锁开关和定时器（与功率控制一体化）。炉门联锁开关是固定在炉门专用支架上的一组微动开关，其一般包括初级门锁开关、次级门锁开关、门监控开关三个。它们的断开与闭合受炉门的控制，防止用户误操作泄漏微波。

微波炉在工作过程中，磁控管会产生较高的温度。因此，在磁控管阳极外安装散热片和风扇帮助散热，在磁控管外还安装温度保护开关，以保障磁控管工作的稳定性，延长其使用寿命。

3. 微波炉的电气控制电路以高压变压器为界可划分为初级电路（电源控制电路）和次级电路（高压整流电路）两部分。高压变压器的低压绕组为磁控管的灯丝提供3.3V左右的低电压，使灯丝给磁控管的阴极加热，逸出电子。高压变压器输出2kV左右交流高电压，经高压二极管（硅堆）及高压电容器组成的半波倍压整流电路后，变成峰值达4kV左右的脉动直流高压，加到磁控管的阴极与阳极上，产生微波。

4. 微波具有反射、穿透、吸收三种特性。因此，微波炉内一般用陶瓷、玻璃、耐热塑胶、木器等具有良好穿透性的器皿盛放食品，不能使用金属器皿盛放食品加热，否则会影响加热时间，甚至引起炉内放电打火，损坏元器件。各类食品都会吸收微波能量并转化成热能。

5. 微波炉的检修方法与步骤。检修微波炉时不要盲目动手，应首先询问用户故障发生的情况，如不会扩大故障，可开机进一步观察故障现象。然后断开电源，拆开机盖查看有无明显的故障痕迹，如熔断器被短路烧毁、机内有无烧焦或焦臭味等，再结合电路原理，按照信号流程，即电源输入→电源控制电路→高压整流电路的顺序进行分析判断，确定故障范围，分块（范围）检修，有目的地进行元器件的检查判断。对微处理器控制型微波炉通电试机时，应认真观察显示屏，确认微处理器是否工作，以确定故障范围。

模块四

电磁炉的原理与维修

随着生活水平的提高和科学技术的不断发展，电磁炉以其使用方便、产品环保、功能多样等特点成为人们家庭生活中不可或缺的现代化厨房电器产品。电磁炉是利用电磁感应（涡流）原理进行加热的电炊具，它可完成煎、炒、烹、炸等功能。近几年，电磁炉的普及率越来越高，带动了电磁炉的生产及售后服务行业的发展，为电磁炉维修人员的就业提供了广阔的空间。

- 职业岗位应知应会目标 •

1. 熟悉电磁炉的基本结构，熟练进行电磁炉的拆装。
2. 懂得电磁炉的工作原理，能读懂电磁炉电路图或工作原理框图。
3. 会检测诊断电磁炉主要元器件的好坏。
4. 能迅速分析、判断电磁炉故障范围并能检修电磁炉常见故障。

任务一　电磁炉的结构认知

电磁炉品种丰富多样，但其基本结构相似。熟悉电磁炉的基本结构，为正确使用电磁炉和快速、准确分析电磁炉故障范围打下坚实的基础。

一、器材准备

电磁炉一台，电工工具一套。

二、电磁炉外观观察

图 4-1 所示是典型台式电磁炉的实物外形。它主要包括灶台面板、操作面板、散热口和

铭牌等。图4-1a为电磁炉正面，图4-1b为电磁炉底部。

（1）灶台面板　电磁炉的灶台面板与其他部分外壳结构不同，它多采用高强度、耐冲击、耐高温的陶瓷或微晶玻璃材料制成。其中陶瓷面板耐高温可达1100℃，耐冷热温差可达800℃；而微晶玻璃面板在高温600℃连续数小时不破裂。其磁感线穿透性好，热效率高，可径向传播热量，热膨胀系数小。电磁炉的灶台多为圆形和方形，且有不同的花色。微晶玻璃面板多以黑色为主，不会发黄或退色，它与陶瓷面板相比，导热能力更强，更加坚固耐用，能抵抗尖锐器具的机械冲击，但成本也比陶瓷面板高。因此，在使用和维修中，应特别注意对陶瓷面板的保护，不能敲打或挤压，以防破裂。

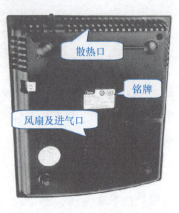

a)　　　　　　　　　　　　b)

图 4-1　典型台式电磁炉的实物外形

a）电磁炉正面　b）电磁炉底部

（2）操作面板　操作面板是用户选择烹饪方式和观察电磁炉工作状态的平台。操作面板上一般设有开关按键、温度设置按键以及功能控制按键等。图4-2所示为典型电磁炉的操作面板。

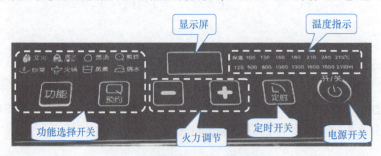

图 4-2　典型电磁炉的操作面板

为了让电磁炉和燃气灶一样，很多电磁炉都设有火力调节键、多功能选择开关等人性化功能，如图4-2中的炒菜、蒸煮、火锅等。图中还有功能、预约、定时等操作键，用户可以通过这些按键直接选择电磁炉的工作过程，通过显示屏看到电磁炉当前的工作状态。

（3）散热口　电磁炉的散热口位于电磁炉的底部，如图4-1b所示。电磁炉工作时内部电路会产生热量，为降低炉内的温度，保障电磁炉的正常工作，设计人员采用风扇强制使热量及时从散热口排出。

（4）铭牌　电磁炉的生产厂商、工作参数、警示语等可通过铭牌获取。人们通过铭牌可以了解其型号、供电电压和最大输入功率，了解家庭供电线路能否提供其消耗功率。

三、电磁炉内部结构观察

拆开电磁炉，其内部结构如图 4-3 所示。它主要由电源供电与功率输出电路、检测与控制电路、操作与显示电路以及炉盘线圈、风扇散热组件等几部分构成。图 4-4 所示是台式电磁炉整机结构示意图。

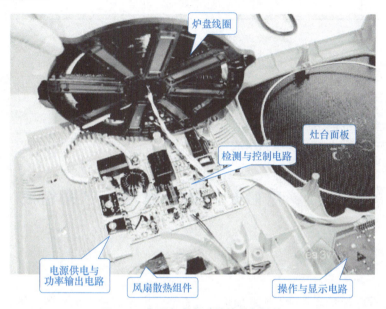

图 4-3　典型台式电磁炉的内部结构

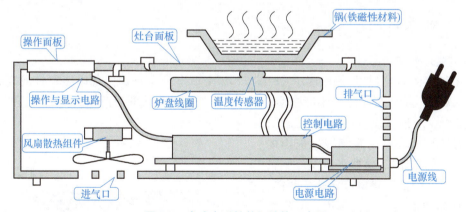

图 4-4　台式电磁炉整机结构示意图

任务评价标准见表 4-1。

表 4-1 任务评价标准

项　目	配分	评 价 标 准	得　分
知识学习	50	1）了解电磁炉的面板材料和维修事项 2）熟悉电磁炉的操作面板 3）懂得电磁炉内部电路板组成部分	
实践	40	1）能拆装电磁炉 2）能说明电磁炉内部电路板的作用	
团队协作 与纪律	10	遵守纪律、团队协作好	

 思考与提高

1. 电磁炉灶台面板材料有什么特点？维修时应如何保护安全？
2. 市场上热销的电磁炉操作面板有什么特点？
3. 电磁炉的内部由哪几块电路组成？

任务二　电磁炉的加热原理与电路组成

 任务引入

燃气灶用明亮的火焰给锅等炊具加热烹饪食品，电磁炉没有明亮的火焰，它用什么给锅加热烹饪食品呢？本任务学习电磁炉的加热原理和电磁炉的电路组成与作用。

 知识点讲解

1. 电磁炉的加热原理

图 4-5 所示是电磁炉加热原理示意图。220V 交流电经电磁炉内部电路转换成高频交流电后送入炉盘线圈，根据电磁感应原理，交变电流通过炉盘线圈时产生交变磁场，即产生变化的磁感线，对锅（铁磁性材料）磁化，在锅的底部形成许多由磁感线感应出的涡流（回漩的电流），这些涡流又经锅具本身的电阻（阻抗）将电能转化为热能，实现对食品的加热。也就是说，电磁炉是利用电磁感应原理进行加热的电热炊具。在炉盘线圈中加入高频电源后会在周围空间产生磁场，在磁场范围内放入铁锅等铁磁性物质，就会在其中产生高频涡流，高频涡流将电能转化为热能，

图 4-5　电磁炉加热原理示意图

就能完成各种食品的烹饪。

值得注意的是,炉盘线圈自身并不是热源,而是高频谐振电源回路中的一个电感,其作用是与高频谐振电容振荡,产生高频交变磁场,交变磁场在锅具的底部形成涡流而转变成热能,因而热源实质是锅等灶具。

2. 电磁炉整机工作过程

电子产品都是由不同功能的单元电路构成的,各个功能单元电路间由不同的信号线或供电线路相互连接,完成整机工作,电磁炉也不例外。图4-6 所示是电磁炉整机工作过程与电路组成示意图。由图4-6 可知,电磁炉主要由电源供电电路、功率输出电路、检测与保护电路和操作与显示电路等四部分组成。其中电源供电电路和功率输出电路是主信号电路,检测与保护电路和操作与显示电路是控制信号电路。

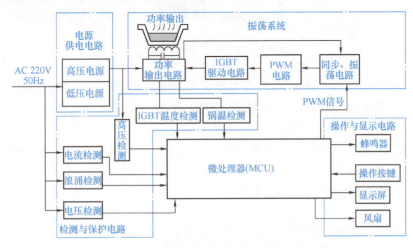

图4-6　电磁炉整机工作过程与电路组成示意图

(1) 电源供电电路　炉盘线圈需要的功率较大,输入220V 交流电压直接经桥式整流电路变成约300V 的直流电压。为防止外界的干扰,交流输入电路中设有滤波电路。输入220V 交流电压另一路通常由变压器减压,再整流、滤波、稳压后形成所需的多种低压直流供电电压,也可以通过开关电源形成所需的多种低压直流供电电压,如5V、8V、12V、18V 等供给检测、控制、操作与显示等电路。
图4-7 所示是典型电源供电电路板。

(2) 功率输出电路　功率输出电路是将电源供电电路送来的约300V 直流电压,经由IGBT(绝缘栅双极型晶体管)、炉盘线圈、高频谐振电容产生高频高压谐振电流,该高频谐振电流在铁磁性材料的炊具中产生涡流,将电能转换成热能。由于功率输出电路的工作功率较大,因此,对该电路设有电流检测、电压检测、温度检测等监控电路,以确保电磁灶中的重要元器件不被损

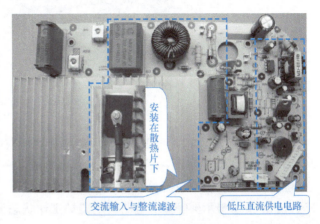

图4-7　典型电源供电电路板

坏。图 4-8 所示是典型的功率输出电路板。

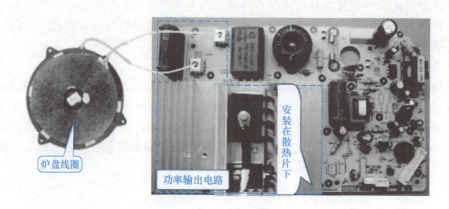

图 4-8　典型的功率输出电路板

（3）检测与保护电路　检测与保护电路主要检测电磁炉的工作参数，如电流、电压、关键元器件的工作温度和对同步振荡电路、PWM 电路、IGBT 驱动电路进行控制，使 IGBT 输出所需的功率等，以确保电磁炉的安全使用与寿命。

检测与保护电路主要包括微处理器（MCU）控制电路、锅质检测电路、IGBT 过电压检测保护电路、浪涌检测保护电路、同步振荡电路、PWM 电路、IGBT 驱动电路、温度检测电路等。图 4-9 所示为典型的检测控制电路板。

图 4-9　典型的检测控制电路板

（4）操作与显示电路　操作与显示电路是用户与电磁炉实现人机对话的操作平台，主要由操作按键（或开关）、指示灯、显示屏等构成。操作电路用于接收人工操作指令并送给微处理器，由微处理器进行处理，再输出控制指令，如开/关机、火力设置、定时操作等，并通过指示灯、显示屏等显示电路将电磁炉工作状态显示出来。图 4-10 所示为典型操作与显示电路板。

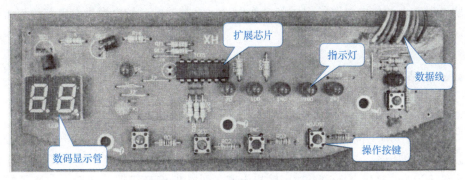

图 4-10　典型操作与显示电路板

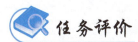

任务评价标准见表 4-2。

表 4-2　任务评价标准

项　　目	配分	评价标准	得　　分
知识学习	70	1) 能理解电磁炉的加热原理 2) 懂得电磁炉整机工作过程 3) 熟悉电磁炉整机工作电路组成及各部分的作用	
实践	20	1) 认识电磁炉的主要部件 2) 能说明电磁炉组成电路在电路板上的基本位置	
团队协作 与纪律	10	遵守纪律、团队协作好	

思考与提高

1. 简要说明电磁炉的加热原理。
2. 画出电磁炉整机电路组成结构简图。
3. 简要说明电源供电电路的工作原理与作用。
4. 说明功率输出电路的作用。

任务三　电磁炉电源供电电路的分析与检修

电源供电电路是电磁炉炉盘线圈的能量来源,它同时为其他电路及元器件提供合适的电

压。了解电磁炉电源供电电路的组成和工作原理,是掌握电磁炉电源供电电路检修方法的首要任务。

 知识点讲解

1. 电磁炉电源供电电路的结构和工作原理

图4-11所示是典型的电磁炉电源供电电路的结构示意图。220V交流电压经熔断器、过电压保护器、滤波电容器后分为两路:一路直接经桥式整流堆整流、扼流圈和电容器滤波后,输出约300V的直流电压送至功率输出电路;另一路经变压器减压后由二次侧输出多挡交流低电压,再经整流、滤波、稳压后,输出5V、12V、18V等直流电压。图4-12所示是典型的电磁炉电源供电电路实物。

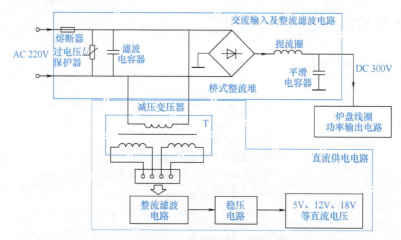

图4-11 典型的电磁炉电源供电电路的结构示意图

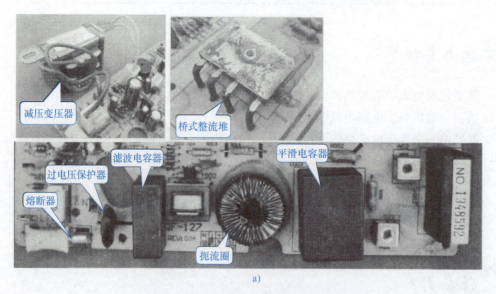

a)

图4-12 典型的电磁炉电源供电电路实物

a) 交流输入与高压整流滤波电路块实物

模块四　电磁炉的原理与维修

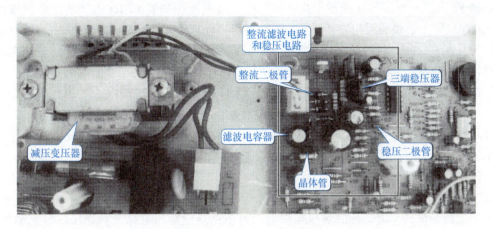

b)

图 4-12　典型的电磁炉电源供电电路实物（续）

b）直流电源供电电路块实物

2. 电磁炉电源供电电路的实例分析

图 4-13 所示是典型的电磁炉电源电路，在图 4-13a 中，220V 交流电经交流输入电路的

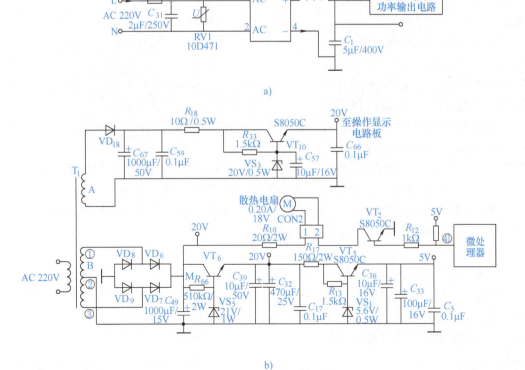

图 4-13　典型的电磁炉电源电路

a）直流 300V 电路　b）直流多种低电压电路

熔断器 FU、滤波电容器（或抗干扰电容）C_1、过电压保护器 CNR1 加到桥式整流堆的交流输入端 AC 脚上，整流后由直流输出脚输出约 300V 的直流电压，该电压有一定的脉动成分，经过扼流圈 L_1 和电容器 C_6 进行滤波平滑，输送到功率输出电路（炉盘线圈）。该电压常称为直流高压电源。

图 4-13b 中，220V 交流电压经减压变压器 T_1 减压后，二次绕组 A 输出较低的交流电压经二极管 VD_{18}、电容器 C_{67}、C_{59} 半波整流滤波后，再经 VT_{10} 串联型稳压电路稳压后，为操作与显示电路板输出 20V 供电电压。稳压二极管 VS_3 为该稳压电路的基准电压，用于稳定 VT_{10} 的基极电压。

减压变压器的二次绕组 B 中有 3 个端子，其中①、③脚输出电压经二极管 $VD_6 \sim VD_9$ 构成的桥式整流电路整流输出 20V 直流电压，该直流电压在 M 点上分为两路，一路由电阻 R_{10} 减压限流后经插排 CON2 为散热风扇供电；另一路送给稳压电路，经稳压后分别输出 20V、5V 的电压。稳压二极管 VS_5 为晶体管 VT_6 的基极提供基准电压，由晶体管 VT_6 组成的串联型稳压电路输出 20V 的电压，该电压经 R_{17} 电阻减压后再经由晶体管 VT_5 和稳压二极管 VS_1 组成的稳压电路稳压后，输出 5V 直流电压。

一些厂家生产的标准版电磁炉的低压电源部分较多地采用电源模块，也称电源厚膜块，其实质是开关电源模块。图 4-14 是 FSD200 电源厚膜块低压供电路图。

220V 交流电经 VD_{90} 整流、R_{90} 限流、C_{90} 滤波后，得到约 300V 的直流电压。该电压经开关变压器 T_{90} 的一次绕组加到开关电源厚膜块 FSD200 的 7 脚，使开关电源厚膜块工作，开关变压器 T_{90} 的二次绕组产生感应交变电压，其中一路经 VD_{93} 整流、C_{91} 滤波后得到 18V 的直流电压，另一路经 VD_{92} 整流、C_{93} 滤波、三端稳压器 7805 稳压后得到 5V 电压。

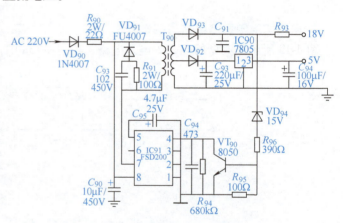

图 4-14 FSD200 电源厚膜块低压供电电路图

18V 的输出电压通过 VT_{90} 集电极电流的大小加至电源厚膜块的 4 脚进行控制，而 VD_{94} 稳压与 R_{96}、R_{95} 的分压作为 VT_{90} 的偏压，形成反馈。

3. 电磁炉电源供电电路的检修

电磁炉电源供电电路的检修，应按电磁炉电源供电电路的信号流程，逐一进行故障排查。图 4-15 所示是电磁炉电源供电电路的检修流程图。

当电磁炉供电出现异常或电磁炉不工作时，首先检测电源电压输入端是否正常，电源熔断器是否烧

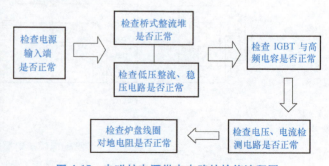

图 4-15 电磁炉电源供电电路的检修流程图

模块四 电磁炉的原理与维修

断，如输入端正常，熔断器烧断，则应检测桥式整流堆是否被击穿损坏，同时检查低压供电电路是否正常。若桥式整流堆击穿，则需要进一步检测 LC 振荡电路中的 IGBT 和高频振荡电容是否损坏。若 LC 振荡电路没有问题，则需要检测电流检测电路中的电流检测变压器是否正常，其整流二极管是否被击穿，若电流检测电路良好，则需要检测炉盘线圈连接端的对地电阻是否正常。

通过上述检测过程，电源供电电路的故障基本上能查出。

 做中学

拆开电磁炉，认真观察电磁炉电源供电电路板，其主要部件有熔断器、桥式整流堆、扼流圈、过电压保护器（压敏电阻器）、300V 滤波电容器、减压变压器、整流二极管等，各部件检测与更换方法如下。

1. 桥式整流堆的检测与更换

桥式整流堆是电磁炉供电的核心器件，其出现故障时，电磁炉就不能工作。桥式整流堆中间的两引脚是交流输入端，外侧两引脚是直流输出端，图 4-16 所示是桥式整流堆的实物与图形符号。桥式整流堆的好坏可用万用表电阻挡在线或开路测试，正常情况下在线检测时，桥式整流堆的交流输入端正、反向电阻值应为∞（无穷大）；其直流输出端的正向阻值应为 12kΩ 左右，反向电阻值接近∞。图 4-17 所示是桥式整流堆正向阻值在线检测图。若检测其输入端或输出端的正、反向电阻不正常，则说明桥式整流堆已损坏。

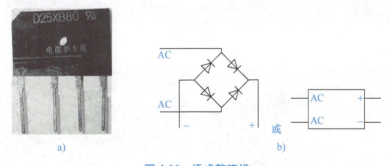

图 4-16 桥式整流堆

a) 实物 b) 图形符号

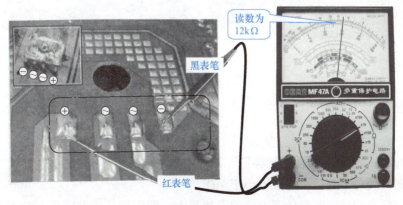

图 4-17 桥式整流堆正向阻值在线检测图

在线电阻检测往往会受到外围元器件的干扰，易造成误判。一般在线检测电压较准确。

桥式整流堆开路检测方法。将万用表置于 R×1k 挡，红表笔接直流输出"+"端，黑表笔分别接两个交流输入"AC"端，所测阻值内部二极管正向电阻值，约为 4~6kΩ；交换表笔，黑表笔接"+"端，红表笔分别接两个"AC"端，所测阻值内部二极管反向电阻值为无穷大。这表明内部对应的两个二极管正常，否则已损坏。同样的道理，以直流输出"-"端为测试点，可以判断内部另外两个二极管的好坏。关于桥式整流堆开路检测法的原理读者可以从桥式整流堆内部结构分析得知。

电磁炉中桥式整流堆安装在散热片上，更换较麻烦，图 4-18 所示是更换桥式整流堆的方法。拆卸前，先拆卸固定散热片的螺钉，再用电烙铁和吸锡器拆除阻尼二极管，此时方可取下散热片，看到桥式整流堆，用电烙铁和吸锡器将桥式整流堆拆卸并更换同型号产品。

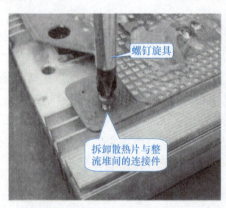
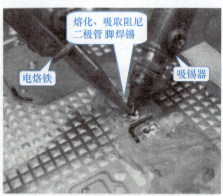

a)

b)

图 4-18　更换桥式整流堆的方法

a）分离散热片与整流堆之间的连接　b）取下散热片、更换桥式整流堆

2. 300V 滤波电容器的检测与更换

300V 滤波电容器是有极性的电容器，其作用是将全桥整流输出的脉动直流电进行平滑，其容量与电磁炉的功率有关，一般不小于 $4\mu F$。

滤波电容器在线检测时受外围电路的干扰很大，需要将其从电路板上拆下来开路检测，具体检测方法参照模块二。

若 300V 滤波电容器已经损坏，应选择与原型号相同或相近（耐压和容量相同）的滤波电容。安装时注意电容的极性不能装反。

3. 减压变压器的检测

减压变压器的检测主要是在线对减压变压器的输出端的电压进行检测。例如，若输入端的 220V 交流电压正常，而输出端的交流电压不正常，则说明该减压变压器损坏。一般说来，若变压器烧坏，会有明显的刺鼻气味。

4. 整流二极管的检测与代换

整流二极管的好坏可通过测试二极管正、反向电阻值作出判断，整流二极管的正、反向电阻值可在线检测，也可开路检测。图 4-19 所示是二极管正向电阻值在线检测方法图，万用表的黑表笔接正极，红表笔接负极，正常情况下测得正向电阻值约为 6kΩ，对换表笔后测得反向电阻值约为 80kΩ；拆下开路检测，其方法与在线检测相同，正常情况下，正向阻值约为 5kΩ，测得反向阻值应为 ∞。若检测的结果与正常情况比较相差很大，则说明该整流二极管已损坏，应选用同（类同）型号的整流二极管更换。

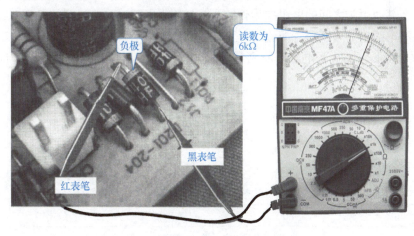

图 4-19　二极管正向电阻值在线检测方法图

5. 扼流圈的检测

扼流圈又称滤波电感，连接在全桥整流堆与滤波电容之间，与滤波电容组成 LC 滤波器。扼流圈的直流电阻极小（交流阻抗很大），可认为电阻为 0，在电路中，它几乎没有直流电压降，这样能有效地阻碍脉动电流通过，起到滤波的作用，同时又能向后续电路提供足够大的直流电流。

6. 过电压保护器的特性与检测

（1）过电压保护器的特性　过电压保护器又称压敏电阻器，当它的两端所加电压在标称值内时，其电阻几乎为无穷大，对电路或受保护的元器件无影响；当其两端所加电压瞬间过高，超过其标称值时，其电阻急剧下降，压敏电阻处于导通状态，使相应的供电电路短路，起到保护电路或元器件的作用。压敏电阻器在电磁炉中主要用于过电压保护、防雷、抑制浪涌电流等，通常将压敏电阻器并联在电源变压器或整流滤波器的输入端，起保护作用。也就是说，压敏电阻是电路的"安全阀"。

过电压保护器（压敏电阻）的外形类似瓷片电容，图 4-20 所示为过电压保护器的外形与图形符号。图中元件标称电压 471 为数码表示法，其标称额定电压为 470V。

在电子电路或电子元器件中，电阻、电容、电感等元件的标称值多数采用数码表示法。这种表示法用三位阿拉伯数字表示，前两位表示元件标称值的有效数值，第三位数表示倍乘数，即乘以 10^n，n 是第三位数字。电阻的单位是欧姆，电容的单位为皮法（pF），电感的单位是毫亨（mH）。

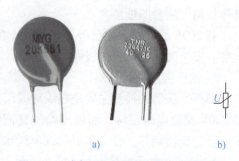

图 4-20 过电压保护器的外形与图形符号
a）过电压保护器的外形 b）图形符号

例如，电阻上标注 103，表示 $10×10^3\Omega = 10k\Omega$；在电容上标注 103，表示 $10×10^3 pF = 10000pF = 0.01\mu F$；在电感上标注 101，表示 $10×10^1 = 100mH$。

又如 223 代表 $22×10^3$（Ω 或 pF）。

（2）过电压保护器的检测 其检测方法与检测电阻相同，一般选用万用表 R×1k 挡测量，正常时，其两引脚之间的电阻应为无穷大，如测得电阻过小，说明其已损坏，需更换。

电源供电电路中的熔断器、扼流圈等可在线测量其电阻，即可判断其好坏，而过电压保护器（压敏电阻器）需拆下电阻开路测量其阻值，若在线测量其阻值会受到外部并联电容的影响。

 任务评价

任务评价标准见表 4-3。

表 4-3 任务评价标准

项 目	配分	评 价 标 准	得 分
知识学习	40	1）懂得电磁炉电源供电电路的基本结构和工作原理 2）会分析电磁炉典型的电源供电电路的工作原理 3）熟悉电磁炉电源供电电路检修流程	
实践	50	1）会分析电磁炉电源供电电路的故障并形成检修思路 2）会检测电磁炉电源供电电路主要部件的好坏	
团队协作与纪律	10	遵守纪律、团队协作好	

 思考与提高

1. 电磁炉电源供电电路是电磁炉炉盘线圈的____来源，它同时为_____提供合适的电压。
2. 电磁炉电源供电电路分为两路，一路是_____；另一路是_____。
3. 电磁炉电源供电电路主要由熔断器、_____、_____、过电压保护器

（压敏电阻器）、_____、减压变压器、_____等组成。

4. 画出电磁炉典型的 DC 300V 供电电路图。
5. 用框图表示电磁炉电源的低电压供电电路图。
6. 说一说电磁炉电源供电电路的检修流程。
7. 比较桥式整流堆检测方法与整流二极管的检测方法。
8. 说一说电容器的检测方法。

任务四　电磁炉功率输出电路的分析与检修

电磁炉输出功率的目的是驱动炉盘线圈，使之与锅等炊具共同作用产生热量烹饪食品，是电磁炉的主回路。了解电磁炉功率输出电路的结构组成、工作原理和信号流程，可为检修电磁炉功率输出电路打下坚实的知识基础。

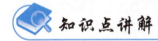

1. 电磁炉功率输出电路的结构和工作原理

图 4-21 所示是电磁炉典型的功率输出电路的结构示意图。由图可知，由 IGBT 的驱动电路送来的驱动信号经电阻器 R_{92}、R_{E2} 使 IGBT 高速交替导通与截止，同时电源电路输出的 DC 300V 电压为炉盘线圈供电，炉盘线圈与高频谐振电容快速进行电能与磁能的转化，在这个过程中，炉盘线圈始终流过一定的电流，并向外辐射电磁能，在铁锅等炊具中产生涡流，转化为热量烹饪食品。这个过程就是 LC 高频振荡。

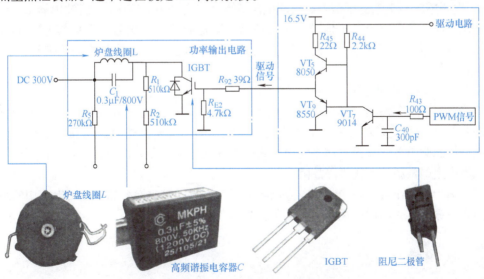

图 4-21　电磁炉典型的功率输出电路结构示意图

电磁炉典型的功率输出电路参阅图 4-8 所示，其主要是由炉盘线圈、温度检测传感器、高频谐振电容器、IGBT、阻尼二极管及其散热片等构成。

2. 电磁炉功率输出电路实例分析

图 4-22 所示为某电磁炉的功率输出电路。220V 交流电压经输入电路（熔断器 FU、抗干扰电容 C_{201}）加到桥式整流堆上，经整流、滤波（L_1 与 C_{202} 平滑滤波）后为炉盘线圈提供直流电压 300V，炉盘线圈 L 与高频电容 C_{203} 构成高频并联谐振电路。炉盘线圈的另一端与 IGBT 的集电极相连，IGBT 高速交替地导通与截止，使炉盘线圈与高频电容的高频并联谐振电路工作，于是线圈辐射出磁力线（磁能）。铁质锅具在磁力线的作用下形成强大的涡流而产生热量。

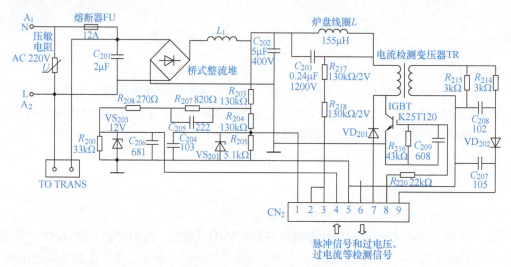

图 4-22　电磁炉的功率输出电路

在 IGBT 工作过程中，电流检测变压器 TR 检测 IGBT 是否存在过电流，该检测信号在 TR 的二次侧感应出交流电压信号经限流电阻 R_{214}、整流二极管 VD_{202}、滤波电容 C_{207} 组成的整流滤波电路后产生直流电压信号，作为炉盘线圈电流的取样信号，经插排 CN_2 的 9 脚送到微处理器中进行监测，一旦有过电流情况，微处理器立即采取限流或停机措施，对 IGBT 起到保护的作用。

3. 电磁炉功率输出电路的检修

检修电磁炉功率输出电路时，应按电磁炉功率输出电路的信号流程，逐一进行故障排查。图 4-23 所示是电磁炉功率输出电路的检修流程图。首先检查故障电磁炉的电源供电电路，然后按照图中检修流程对功率输出电路中的重点怀疑部件进行检测，直至找到故障点并分析故障产生的根源，彻底排除故障。

当电磁炉不工作时，如检测其电源供电电路无故障，主要检测功率输出电路中的炉盘线圈、高频谐振电容、IGBT、阻尼二极管等主要部件。

拆开电磁炉，认真观察功率输出电路板，找到其主要部件并进行检测，方法如下：

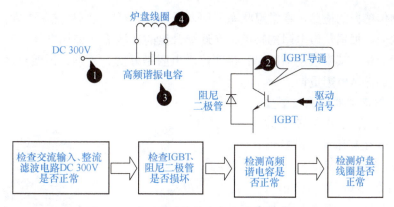

图 4-23　电磁炉功率输出电路的检修流程图

1. 炉盘线圈与温度检测传感器的检测与更换

炉盘线圈是电磁炉功率输出部件。炉盘线圈一般由多股漆包线拧合盘绕而成。在炉盘线圈底部粘有 4~6 片铁氧体扁磁棒，目的是减小磁场对下面电路的辐射，以免影响电磁炉的正常工作。图 4-24 所示是炉盘线圈正面和底部图。

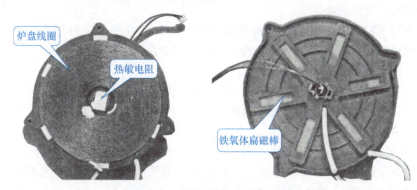

图 4-24　炉盘线圈正面和底部图

炉盘线圈中心安装有温度检测传感器，它实质是一个热敏电阻，用于检测炉面温度。为提高测温的准确性，安装时将热敏电阻紧靠灶台面板，并在炉盘线圈与灶台面板接触处涂上导热硅胶，提高其热传导性。

图 4-25 所示为电磁炉上热敏电阻及连接线，这种类型的热敏电阻为负温度系数的热敏电阻，在常温下其阻值约为 70~100kΩ，随着温度升高，阻值减小。

炉盘线圈检测方法。用万用表的 R×1 挡测量炉盘线圈的电阻，正常情况下，其测量值应近似为 0（**注意测量前电阻挡调零**）。如果阻值比较大，则说明炉盘线圈有断股的情况，应选用同规格的炉盘线圈更换。

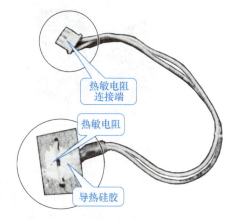

图 4-25　电磁炉上的热敏电阻及连接线

温度检测传感器的检测。在常温状态下用万用表的 R×1k 挡测量热敏电阻的阻值其阻值应在正常范围内。根据热敏电阻的特性，在逐渐升温的环境下（如用电烙铁对其缓慢升温）检测电阻值的变化，其阻值逐渐减小，说明热敏电阻是好的，否则，说明热敏电阻已损坏，应选用同型号的热敏电阻更换。

2. 高频谐振电容的检测与更换

高频谐振电容与炉盘线圈并联，并长期工作在高压区。高频谐振电容为无极性薄膜 MKPH 电容器，其容量通常为 0.15～0.33μF，耐压为 1200～1500V，如图 4-26 所示（注意区分高压滤波电容，其容量通常为 2～6μF，电压为 400V）。

高频谐振电容一般采用开路检测。用万用表 R×10k 挡测量，容量越大，指针偏转角度越大，容量越小，指针偏转角度就越小。

图 4-26　电磁炉中的高频谐振电容与滤波电容

a）高频谐振电容器　b）滤波电容器

电磁炉中对 MKPH 电容器的性能参数要求较严格，建议用数字万用表的电容挡或电容表测量。若测得高频谐振电容损坏，应选用相同标称值高频谐振电容更换。

3. IGBT 的检测与更换

IGBT 是绝缘栅双极型晶体管的简称，其功能是控制炉盘线圈的电流，即在高频脉冲信号的驱动下高速交替导通与截止，使流过炉盘线圈的电流形成高速开关电流，使之与并联电容形成高压谐振，其电压高达上千伏。

IGBT 是高速高压大电流半导体功率器件，必须安装在大型散热片上以利于散热。图 4-27 所示是 IGBT 实物外形与图形符号，它与大功率晶体管相同，三个电极分别是 G（栅极）、C（集电极）和 E（发射极）。IGBT 中间电极不一定是 C，如图 4-27a 中左边的 IGBT 中间电极是 E，右边的 IGBT 三个电极都标出了。

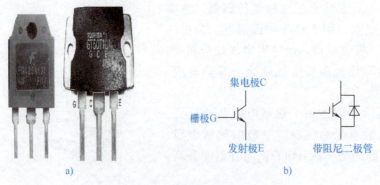

图 4-27　IGBT 实物外形与图形符号

a）实物外形　b）图形符号

IGBT 克服了场效应晶体管在高电压大电流条件下导通时电阻大、输出功率小、发热严重的缺陷，它具有导通电阻小，开关速度快等优点，是极佳的高速高压大功率半导体器件。

有的 IGBT 内部附带快速恢复阻尼二极管。

可以用示波器检测 IGBT 的感应信号波形，也可以用万用表检测其管脚之间的电阻来判断其好坏。

（1）用示波器检测 IGBT 的好坏　用示波器检测 IGBT 的感应信号波形的方法如图 4-28 所示。将示波器的接地线与电磁炉电路板的接地线相连，正常情况下，示波器的探头靠近 IGBT 即可感应到信号波形，若不能感应到相应的信号波形，则说明该 IGBT 没有工作或已经损坏。

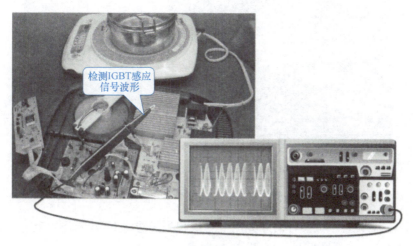

图 4-28　用示波器检测 IGBT 感应信号波形的方法

（2）用万用表检测 IGBT 的好坏　用万用表电阻挡检测 IGBT 的好坏，需用内部有较高电压（6V 或 9V）的挡位即 R×10k 挡，内部低电压挡位测量时 IGBT 可能不导通，易造成误判断。

1）极性判断。**许多生产厂商并不在 IGBT 上标识电极，因此，代换选用时必须判断其极性**。用万用表 R×10k 挡测量，若某一极与其他两极阻值均为无穷大，调换表笔后该极与其他两极的阻值仍为无穷大，则判断此极为 G。其余两极再用万用表测量，若测得阻值为无穷大，调换表笔后测量阻值较小。在测量阻值较小的一次中，红表笔接的为 C，黑表笔接的为 E。通常，电路板上标有 IGBT 电极，维修时可帮助辨认，以利于测量。

2）好坏判断。IGBT 可通过开路或在线检测引脚间的电阻值来判断其好坏。

① 开路检测。用万用表 R×10k 挡测量，两表笔分别检测 G、C 两极和 G、E 两极间的电阻，对于正常的 IGBT，上述所测电阻值均应为无穷大。再用万用表的红表笔接 IGBT 的 C，黑表笔接 E，对于内部附带快速恢复阻尼二极管的 IGBT，所测得的电阻值为 3～5kΩ（万用表的型号不同，阻值也有所不同）。若所测得的电阻值为无穷大，则说明该 IGBT 的内部没附带快速恢复阻尼二极管。此时对调表笔进行测量，即红表笔接 E，黑表笔接 C，所测电阻值应为无穷大。这时用手指（最好蘸一点水）同时触碰一下 G 和 C，IGBT 被触发导通，万用表的指针摆向阻值较小的方向，并能停止在某一位置。然后再用手指同时触碰一下 G 和 E，这时 IGBT 被阻断，万用表的指针回到无穷大。此时即可判断 IGBT 是好的。

② 在线检测。维修电子设备，在线检测比较方便，不需要拆下 IGBT。方法是用万用表的 R×10k 挡，红表笔搭在电路板 IGBT 的 E 端，黑表笔搭在 C 端。图 4-29 所示为 IGBT 在线

检测法，正常情况下，阻值应在 30kΩ 左右，然后用蘸有水的手指同时触碰 G、C 两电极，此时阻值约为 5kΩ 左右，即是具有放大能力的好管。如果 IGBT 被击穿，表笔搭接 C、E 两电极时，阻值应为 0，即 C、E 电极已经击穿导通。如果 C、E 断路，则阻值应为无穷大。在线检测可以快速判定 IGBT 的好坏。通常，电磁炉中的 IGBT 击穿短路情况较多，开路的情况较少。

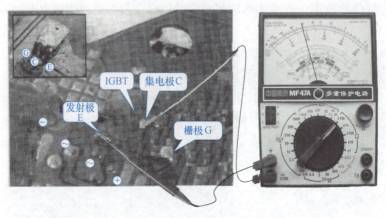

图 4-29　IGBT 在线检测法

更换 IGBT，需先拆下散热片后才能用电烙铁和吸锡器将 IGBT 拆下，其方法可参考桥式整流堆的拆卸方法，选择同型号的 IGBT 更换即可。

在电磁炉的维修中，经常会出现找不到同型号的 IGBT 更换，需用类同的 IGBT 代换，代换时应注意以下几点：

首先，IGBT 的主要参数宜大不宜小，2000W 以下的电磁炉可选用最大电流为 20～25A 的 IGBT，2000W 或以上的电磁炉可选用最大电流为 40A 的 IGBT。

其次，注意区分 IGBT 内是否含有阻尼二极管，内含阻尼二极管的可代换不含阻尼二极管的 IGBT；若用不含阻尼二极管的 IGBT 代换内含有阻尼二极管的 IGBT 时，应在新 IGBT E 和 C 间并联一只快速恢复二极管。

4. IGBT 温度检测传感器的检测方法

在 IGBT 的散热片上安装有 IGBT 温度检测传感器，用于检测 IGBT 是否超过限定的温度，防止 IGBT 烧毁。该传感器实质是一个热敏电阻。

检测 IGBT 温度传感器的好坏，主要是检测传感器的阻值。将 IGBT 温度检测传感器的插件从电路板上拔下来，用万用表电阻挡测量其阻值。正常情况下，该传感器的阻值约为 100kΩ，不同电磁炉其阻值有一定的差异。当温度超过 IGBT 温度检测传感器允许温度值时，传感器的电阻值迅速变小。其检测方法与炉面温度检测传感器的检测方法相同，若检测的结果和正常情况下相差较大，则说明该传感器损坏。

5. 阻尼二极管的检测与更换

阻尼二极管一般采用开路检测，因此必须将阻尼二极管拆卸下来，与电路断开后检测。阻尼二极管和 IGBT 一起安装在散热片上，拆卸较麻烦，如果需要更换则必须将其完全拆卸下来。图 4-30 所示是阻尼二极管的拆卸与检测方法。

先将阻尼二极管（包括 IGBT）与散热片分离，再用电烙铁和吸锡器将损坏的阻尼二极管引脚焊下，如图 4-30a、b 所示，图 4-30c 是阻尼二极管的检测方法，它与普通二极管的检测方法相同。正常情况下，阻尼二极管的正向电阻应为 6kΩ 左右，反向电阻应为无穷大。如果测量时阻值相差太大，说明阻尼二极管损坏。

如果阻尼二极管损坏，应选择同型号的阻尼二极管更换，其安装过程与拆卸过程相反。

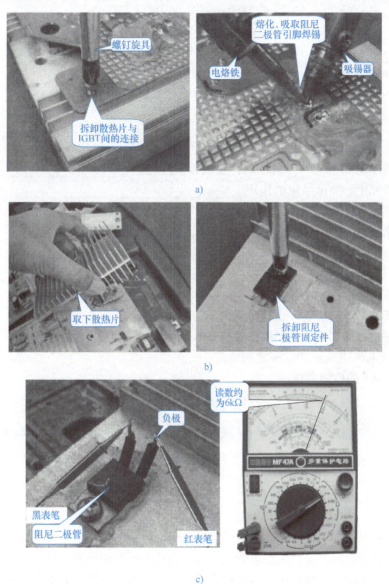

图 4-30 阻尼二极管的拆卸与检测方法
a）阻尼二极管引脚和散热片的拆卸　b）散热片和阻尼二极管的固定螺钉的拆卸
c）阻尼二极管的检测方法

任务评价

任务评价标准见表 4-4。

表 4-4　任务评价标准

项　目	配分	评 价 标 准	得　分
知识学习	40	1) 懂得电磁炉功率输出电路的基本结构和工作原理 2) 会分析电磁炉典型功率输出电路的工作原理 3) 熟悉电磁炉功率输出电路检修流程	
实践	50	1) 会分析电磁炉功率输出电路的故障并形成检修思路 2) 会检测电磁炉功率输出电路主要部件的好坏	
团队协作与纪律	10	遵守纪律、团队协作好	

1. 炉盘线圈底部粘有 4~6 片铁氧体扁磁棒，目的是_____。
2. 炉盘线圈中心热敏电阻的作用_____，其特点是_____，该热敏电阻在常温下其阻值约为_____kΩ。
3. 高频谐振电路与_____并联并长期工作在高压区，该电容器为____（有、无）极性电容器，其容量通常为_____μF。
4. IGBT 是_____的简称，它有三个电极，分别为_____，它在电磁炉功率输出电路中的作用是_____。
5. 用框图表示电磁炉功率输出电路的结构。
6. 说一说电磁炉功率输出电路的检修流程。
7. 分析图 4-22 电磁炉的功率输出电路。
8. 简述 IGBT 的检测方法。

任务五　电磁炉检测与保护电路的分析与检修

电磁炉能长期正常工作，是依靠电磁炉的检测与保护电路作保障，否则，会因各种原因而损坏。电磁炉的检测与保护电路主要包括脉冲信号产生电路以及过电压、过电流和过热检测与控制电路，实际上它是电磁炉中各种信号的处理电路。了解电磁炉检测与保护电路的结构组成和工作原理，熟悉电磁炉检测与保护电路的信号流程和分析方法，为检修电磁炉的常见故障打下坚实的知识基础。

1. 电磁炉检测与保护电路的结构和工作原理

图 4-31 所示是电磁炉典型的检测与保护电路的结构示意图。

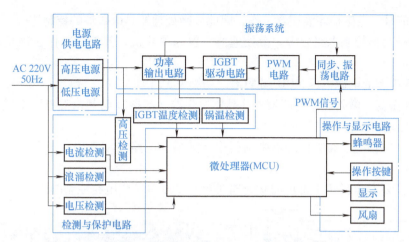

图 4-31 电磁炉典型的检测与保护电路的结构示意图

由图 4-31 可知，电源供电电路为检测与保护电路提供工作电压，功率输出电压必须经过电压保护电路检测，功率输出的大小受 PWM 信号的控制。

锅温、IGBT 温度检测信号、电网输入过电压、IGBT 过电压检测信号、过电流检测信号等保护检测信号输送到微处理器（MCU）中，经 MCU 内部处理，输出 PWM 信号送往同步振荡电路进行处理，再输送到 PWM 电路中，处理后输出驱动信号送往 IGBT 驱动电路，推动 IGBT 工作，快速交替导通与关断，使 LC 高频振荡电路谐振。

电磁炉上电后，微处理器接收人工指令，经处理，输出的报警信号送往报警驱动电路，同时驱动风扇和显示电路工作。

由上述分析可知，电源供电电路为检测与保护电路提供工作电压，检测与保护电路工作后，输出各种控制信号对其他单元电路进行控制，电磁炉才能正常工作。

图 4-32 所示是电磁炉典型的检测与保护电路板的实物外形图。它主要是由微处理器、电压比较器、IGBT 驱动放大电路、温度检测器件、电流检测器件、蜂鸣器等构成的。

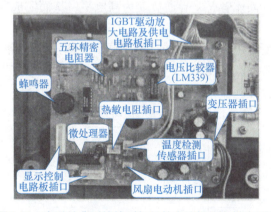

图 4-32 电磁炉典型的检测与保护电路板的实物外形图

2. 电磁炉检测与保护电路分析

电磁炉中各种检测保护信号都必须输送到微处理器（MCU）中，经 MCU 处理后，输出控制与显示信号，电磁炉才能正常工作，因此，微处理器是电磁炉的控制核心。

（1）微处理器控制电路分析　微处理器一般为单片机，其正常工作必须具备三个基本工作条件。

1）正常工作的电源电压 VDD 或 VCC，一般为 5V。

2）时钟振荡。微处理器外部须外接晶体振荡器（晶振）与其内部电路组成时钟振荡电路，产生微处理器工作时的脉冲信号。

3）复位（清零）。将微处理器中的程序计数器等电路清零复位，保证微处理器从初始程序开始工作。

图 4-33 所示是电磁炉中常用的微处理器 46R47 基本工作电路控制图。

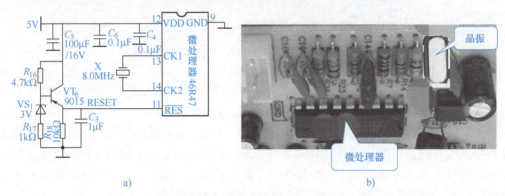

图 4-33　微处理器 46R47 基本工作原理图及实物图
a）基本工作原理图　b）实物图

在图 4-33 中，5V 电源经过 C_5、C_6、C_4 滤波，加到微处理器 VCC 电源正极端 12 脚，9 脚为电源地端；13 脚、14 脚外接晶振；11 脚为低电平复位端。该微处理器复位电路由 VT_6、R_{16}、VS_1、R_{17}、R_{18} 及 C_3 组成，开机上电后，晶体管 VT_6 还没有导通，微处理器的 11 脚获得低电平复位。VT_6 基极偏置电路设置稳压二极管 VS_1，使晶体管延缓导通，微处理器的 11 脚获得低电平信号复位，晶体管 VT_6 导通后变为高电平，从而完成复位工作，其中 C_3 为高频旁路电容。

电磁炉的各生产厂所采用的微处理器一般不同，外部连接电路（接口）也不同，但控制原理却基本相同。但各生产厂或同一厂家对微处理器内部写入的程序是不同的，可代换性极低，因此，电磁炉的微处理器一旦损坏，几乎无法修复。

图 4-34 所示是 46R47 微处理器引脚排列图，各引脚功能见表 4-5。

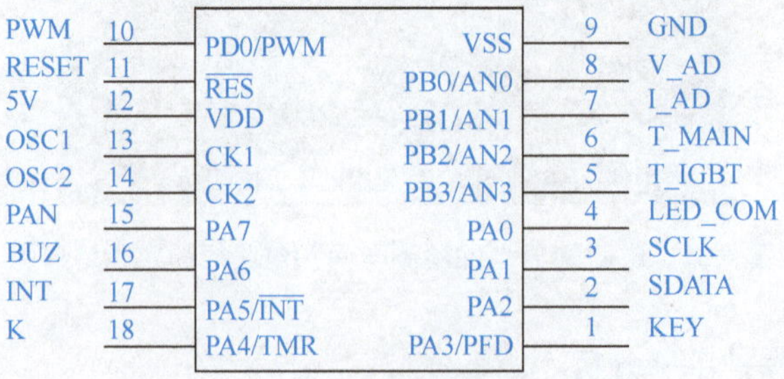

图 4-34　46R47 微处理器引脚排列图

表 4-5　46R47 微处理器引脚功能

引脚	内部符号	外接电路符号	功　　能	主要作用
1	PA3/PFD	KEY	接口	按键扫描
2	PA2	SDATA	显示电路通信数据线	显示电路数据脉冲
3	PA1	SCLK	显示电路通信时钟线	显示电路时钟脉冲
4	PA0	LED_COM	接口	LED 指示灯信号输出
5	PB3/AN3	T_IGBT	接口	IGBT 管温检测信号输入
6	PB2/AN2	T_MAIN	接口	过温检测信号输入
7	PB1/AN1	I_AD	接口	过电流检测信号输入
8	PB0/AN0	V_AD	接口	过电压检测信号输入
9	VSS	GND	接地	电源地
10	PD0/PWM	PWM	接口	PWM 脉冲信号输出
11	$\overline{RES}$	RESET	复位	用于单片机初始化
12	VDD	5V	5V 工作电压	微处理器工作电源
13	CK1	OSC1	时钟 1	外接晶振
14	CK2	OSC2	时钟 2	外接晶振
15	PA7	PAN	接口	启动信号输出/检锅信号输入
16	PA6	BUZ	接口	蜂鸣器控制
17	PA5/$\overline{INT}$	INT	接口	高压中断信号
18	PA4/TMR	K	接口	IGBT 开关控制信号

（2）振荡与同步电路分析　振荡与同步电路的原理如图 4-35 所示。

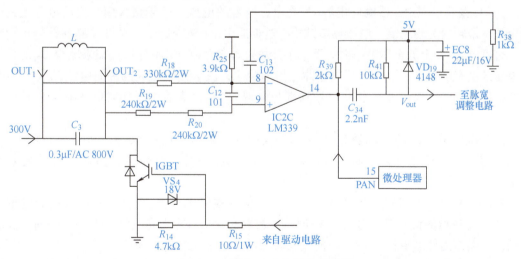

图 4-35　振荡与同步电路的原理图

图中 LC 振荡电路是电磁炉最终输出功率的核心，它主要由炉盘线圈（振荡线圈 L）、高频振荡电容 C_3、IGBT 等组成。通过 IGBT 的高速开、关形成 LC 振荡。

当 IGBT 的栅极 G 为高电平时，IGBT 饱和导通，电源电流流过炉盘线圈，将电能转换为磁能存储在线圈中；当 IGBT 的栅极 G 为低电平时，IGBT 关断，存储在线圈中的磁能释放出来向电容 C_3 充电，转换为电能。线圈 L 和电容 C_3 不停地快速交换能量，并从电源中吸取电能，这个过程就是 LC 振荡。在 LC 振荡过程中，线圈中始终有电流通过，产生磁场在铁质锅具中产生涡流，最后转换为热能。

LC 振荡电路能量转换波形如图 4-36 所示。u_O 为矩形开关脉冲信号，i_L 为流过线圈 L 的电流，u_C 为高频振荡电容 C_3 的电压。

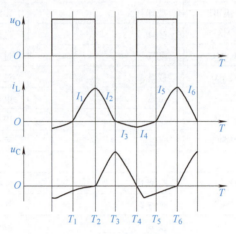

图 4-36　LC 振荡电路能量转换波形

IGBT 导通与关断时间由 PWM 脉冲宽度决定，PWM 脉冲宽度越大，炉盘线圈中通过的电流越大，输出功率就越大。因此，要调节输出（加热）功率，只要调节 PWM 脉冲宽度即可实现。

在 LC 振荡过程中，线圈向电容 C_3 充电，电容的电压会达到最大值，之后电容上的电能释放出来转换为磁场能，电压逐渐减小，这期间 IGBT 关断，下一个开关脉冲信号也没到来，直到电容 C_3 上的电压最小时，下一个开关脉冲信号使 IGBT 导通。如果电容 C_3 的最大值电压还没有消失，而下一个开关脉冲已提前到来，就会出现很大的瞬间电流，导致 IGBT 烧坏，因此，必须保证开关脉冲信号到来与电容 C_3 最大值消失（此时电压应很小）严格同步。

同步电路分析。同步电路的主要作用是从 LC 振荡电路中取得同步信号，使 IGBT 驱动信号与 LC 振荡同步。即从 LC 振荡电路中取得同步信号为 IGBT 提供前级驱动波形。

在图 4-35 中，LM339 是电压比较器，反相输入端的电位为 V−，同相输入端的电位为 V+。电压比较器的特点是：当 V+ > V− 时，比较器的输出端输出高电平；当 V+ < V− 时，比较器的输出端输出低电平；当 V+ = V− 时，比较器的输出端在此瞬间翻转。

电磁炉中常用的电压比较器有 LM339、LM324、LM393 等，图 4-37 所示是 LM339 的实物外形与引脚功能图。

在图 4-35 中，同步电路主要由电压比较器 LM339 和取样电路组成。同步信号的取样电压从高频振荡电容 C_3 的两端获得，R_{18}、R_{25} 分压后加到 LM339 的 8 脚，即 V−，经 R_{19}、R_{20} 分压后加到 LM339 的 9 脚，即为 V+。当电磁炉上电后，如 IGBT 没导通工作，V−、V+ 的静

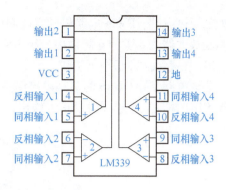

a)
b)

图 4-37 LM339 的实物外形与引脚功能图
a）实物外形 b）引脚功能图

态电压分别是 4.02V 和 4.25V（$V-$、$V+$ 电压相差 0.2V 左右，如 3.6V 和 3.85 V），$V+>V-$，比较器 14 脚输出高电平。在 LC 振荡过程中，电容 C_3 反向放电完毕，C_3 两端的电压最低且电压极性发生改变，此时，$V->V+$，比较器 14 脚输出低电平。5V 电源通过 R_{39}、R_{41} 给 C_{34} 充电，之后，电容 C_3 被充电，比较器发生翻转输出高电平，V_{out} 同时发生跳变而高于 5V，此后，V_{out} 通过 VD_{19} 快速放电。这样产生一个振荡周期，以后重复此过程。

(3) 脉冲宽度调整电路分析 脉冲宽度（脉宽）调整电路的主要作用是对电磁炉进行加热功率调节与控制，其电路原理如图 4-38 所示，由 R_{34}、R_{36}、R_{35}、EC6、C_{15}、R_{37}、C_{16} 等组成脉宽调整电路。脉宽调制（PWM）信号是按一定规律变化的方波，调节功率时，微处理器输出 PWM 信号，如 46R47 10 脚的输出信号，该信号加至 R_{34} 上。R_{35} 为上拉电阻，使输出的方波脉冲为高电平，驱动晶体管导通，导通时间由 PWM 脉冲宽度决定。微处理器输出的 PWM 脉冲越宽，EC6 上的电压就越高，IGBT 的导通时间就越长，输出功率就增大；反之，输出功率就减小。EC6 为滤波电容，C_{15} 为抗干扰抑制电容。

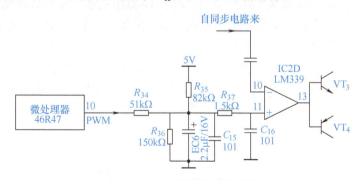

图 4-38 脉宽调整电路原理图

(4) IGBT 驱动电路分析 IGBT 驱动电路主要用于电压放大，输出驱动 IGBT 高速导通与关断的电压信号。目前，电磁炉中大多采用 TA8316S 或 TA8316AS 集成电路构成 IGBT 驱动电路。

图 4-39 所示是电磁炉典型的 IGBT 驱动电路。集成电路 TA8316AS 的 4 脚为接地端，2

脚为电源供电端,PWM 电路将脉宽调制信号送入集成电路的 1 脚,该信号经内部电路放大,由驱动放大器的 5 脚和 6 脚输出,经 10Ω 的限流电阻限流后,将信号送到 IGBT 的 G 端,驱动 IGBT 在高频脉冲状态下工作。

集成电路 TA8316AS 的 7 脚内接保护二极管,当 IGBT 的栅极电压过高时进行钳位保护。如果 IGBT 驱动放大器无驱动信号输出,则 IGBT 不能工作,整机便处于停机状态。

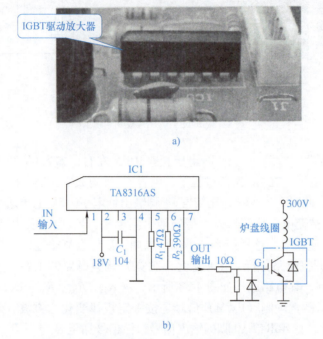

图 4-39　电磁炉典型的 IGBT 驱动电路工作原理图
a) 安装在电路中的 TA8316AS　b) 工作原理图

TA8316S 或 TA8316AS 集成电路的不同之处:TA8316S 的 3 脚为电源保护端,3 脚与 2 脚间接有一只 390Ω 的电阻,但也可以不接该电阻。虽然这两种型号的集成电路内、外部有一定的差异,但可直接互换。

(5) 电压检测电路分析　电压检测电路实质是过电压与欠电压检测,如电压过高超过 265V 或电压低于 165V 时,微处理器就会发出停止加热的保护指令。电磁炉在工作过程中还根据检测到的电压及电流信号,自动调整 PWM 实现恒功率运行。

图 4-40 所示是电压检测电路。

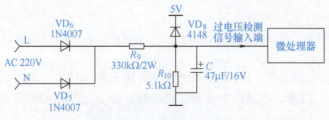

图 4-40　电压检测电路

220V 交流电经二极管 VD_5、VD_6 全波整流，由电阻 R_9、R_{10} 分压，电容器 C 滤波后，将得到的电压检测信号送到微处理器的过电压检测信号输入端，由微处理器内部进行处理，自动作出判断，发出相应的指令。如电压过高或过低，微处理器就发出停机指令并控制蜂鸣器发出报警提示声。

（6）IGBT 过电压检测电路分析　IGBT 过电压保护电路主要用于检测 IGBT 集电极电压，防止该电压过高而损坏 IGBT，IGBT 过电压保护电路原理如图 4-41 所示。

IGBT 过电压保护电路主要由取样电阻 R_{19}、R_{20} 及比较放大器 LM339 等组成。取样电阻 R_{19}、R_{20}、R_{23}、R_{24} 从 IGBT 的集电极（OUT_2）取出高电压，降压后输入到比较放大器 LM339 的 6 脚，5V 电源电压经 R_{22}、R_{21} 分压后输入到比较放大器 LM339 的 7 脚 $V+$ 作为基准电压。当 IGBT 的 C 端电位超过 1200V 时，$V- > V+$，比较放大器 LM339 的 1 脚输出将由高电平变为低电平。该信号输入到 PWM 电路，缩小 IGBT 驱动占空比，缩短 IGBT 导通时间，从而降低 IGBT 集电极电压，达到保护 IGBT 的目的。

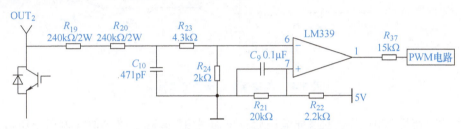

图 4-41　IGBT 过电压保护电路原理图

（7）电流检测电路的电路分析　电流检测电路的主要作用是为微处理器提供整机工作电流参数，使微处理器据此参数判断锅具加热面积的大小、是否有锅；同时，微处理器时刻检测整机是否存在过电流，以此进行输出功率的闭环控制。当电流过大时，微处理器作无锅处理，发出停机处理指令。

图 4-42 所示是电磁炉电流检测电路原理图。电磁炉电流检测电路一般采用电流互感检测形式。电流互感器 T_1 的一次绕组串联在交流电的输入端，其二次绕组感应的电动势经微调电阻 VR、R_7 分压，经由二极管 $VD_{11} \sim VD_{14}$ 组成桥式整流电路变为脉动直流电，脉动直流电经电容 C5 滤波和 R_{14}、R_5 分压后送到微处理器过电流检测信号输入端，作为检测锅具和调整输出功率的信号。电阻 R_3、R_4 接至 5V 端分压，用于提高输出电压。C_2、R_7、VR 用于吸收脉冲干扰。

（8）浪涌保护电路分析　浪涌保护电路主要是防止输入电压出现异常的浪涌冲击损坏 IGBT。当浪涌冲击出现时，保护电路及时关断 IGBT，防止爆管。浪涌保护电路的取样形式有两种，一种是在市电输入端，另一种是在桥式

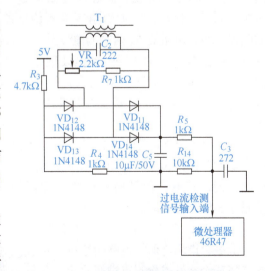

图 4-42　电磁炉电流检测电路原理图

整流堆 300V 处。

图 4-43 所示是浪涌保护电路的工作原理，它从市电输入端获得取样电流。电流互感器 T_1 的一次绕组串联在输入端，二次绕组获得的取样输入电压经二极管 VD_{12}、VD_{10} 全波整流后由 R_{31}、R_{32}、R_{28}、C_{14} 分压、滤波后输入到比较器 IC2A（LM339）的 6 脚，即 $V+$；由电阻 R_{30}、R_{29} 对 5V 电源电压分压，产生稳定的基准电压，加入到比较器 IC2A 的 4 脚，即 $V-$。当出现异常的浪涌冲击时，该两路电压经比较器 IC2A 比较后，其 2 脚产生低电平，使钳位二极管 VD_{16} 导通，导致 IC2D（LM339）的 11 脚电位降低，IGBT 驱动电路无信号输出，IGBT 停止工作。只有当输入端的浪涌冲击消失后，整机才能再次进入加热状态。

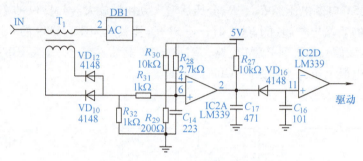

图 4-43　浪涌保护电路的工作原理

在桥式整流堆 300V 处获取取样电压后，可通过 RC 并联电路将取样电压分压后输送到比较器 IC2A，进行电压比较。当异常的浪涌冲击电压出现时，其工作原理与上述相同。

（9）温度检测电路分析　温度检测包括炉面温度（锅温）和 IGBT 温度检测。炉面温度检测电路的主要作用是检测锅具的实际温度，防止电磁炉对锅具干烧。IGBT 温度检测电路的主要作用是对 IGBT、高压整流桥堆等的工作温度进行检测，防止它们因过热而烧毁。

图 4-44 所示为电磁炉典型的温度检测电路。R_4、RT_2 串联分压构成炉面温度检测电路，当电磁炉炉面温度升高时，炉面温度检测传感器 RT_2 的阻值减小，电阻器 R_4 两端的电压升高，该电压信号通过插排 CN_1 的 1 脚送到微处理器的过温检测信号输入端，微处理器对接收到的温度检测信号进行识别，若温度过高，立即发出停机指令，进行保护。

当电磁炉 IGBT 温度升高时，IGBT 温度检测传感器 RT_1 的阻值变小，其工作原理与炉面温度检测相同，其电压信号输入到微处理器的 IGBT 管温检测信号输入端。

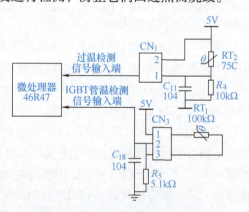

图 4-44　电磁炉典型的温度检测电路

3. 电磁炉检测与保护电路的检修

电磁炉检测与保护电路的检修，可按图 4-45 所示的检修流程制定具体的检修方案，对重点怀疑元器件或检测点进行检测、分析，直到找到故障根源。

排查故障时，首先检查故障电磁炉的低电压供电电路，如低电压供电电路不正常，则检测与保护电路就无法工作，将导致电磁炉无法起动或工作。在低电压供电电路正常的情况下，再逐一检测电压检测电路和温度检测电路工作是否正常，如正常，再检测各接口电路的工作是否正常，直到找到故障点。

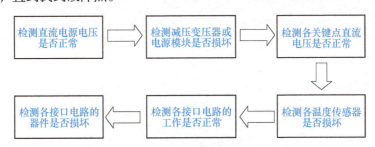

图 4-45　电磁炉检测与保护电路的检修流程图

拆开电磁炉，认真观察检测与保护电路，对照电气原理图在电路板上查找电压检测电路、电流检测电路、温度检测电路、IGBT 过电压保护电路、IGBT 驱动电路、微处理器控制电路、风扇驱动电路等并测量。

电磁炉检测与保护电路的检测主要检测关键检测点的电压和电阻。

1. 电压检测方法

电压检测主要是对检测与保护电路中电压检测点进行检测，然后根据检测结果分析和推断故障。正常情况下，直流电源低电压供电端有 18V、12V 和 5V 三种，若检测的电压值与正常情况下的电压值相差很大，则需要对减压变压器进行检测。

若检测时电压值正常，则需对后续电路或部件进行检测。测量检测与保护电路板上直流 10V、18V、5V 和 12V 电压。图 4-46 所示是直流 18V 电压检测图。

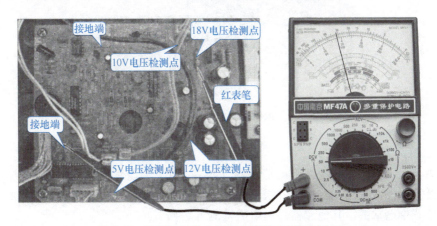

图 4-46　检测与保护电路板中直流电压检测方法

电压检测法还常通过检测晶体管、集成电路各引脚电压来判断故障。各引脚电压是判断电路、晶体管、集成电路好坏的重要依据。实践中将所测得的电压数据与正常工作电压进行比较，根据误差电压的大小就可以判断出电路或故障元器件。一般来说，误差电压较大的地方就是故障所在的部位。表 4-6 是某型电磁炉电压比较器 LM339 各脚电压数据。故障检修时，实测数据可与该表中数据进行比较，如相差太大，说明该元器件或外围元器件有故障。

表 4-6　某型电磁炉电压比较器 LM339 各脚电压数据

引脚	不接炉盘线圈待机状态电压/V	接炉盘线圈且开启功能但不放锅状态的电压/V	引脚	不接炉盘线圈待机状态电压/V	接炉盘线圈且开启功能但不放锅状态的电压/V
1	4.92	4.92	8	3.72	3.72
2	1.37	1.37	9	0.02	3.93
3	18.72	18.72	10	5.48	5.48
4	0	1.54	11	1.38	1.38
5	4.93	4.93	12	0	0
6	1.45	1.45	13	0	0
7	2.26	2.26	14	0.1	4.93

2. 波形检测方法

检测与保护电路中主要芯片有电压比较器和微处理器，可使用示波器对其进行信号波形检测。将电磁炉处于工作状态，用示波器检测其信号波形，图 4-47 所示是使用示波器检测电压比较器 LM339N 的 2 脚信号波形图。检测的信号波形与正常波形比较即可判断元器件的好坏。

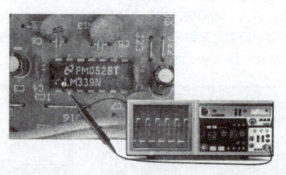

图 4-47　用示波器检测 LM339N 的 2 脚信号波形

3. 电阻检测方法

对检测与保护电路中的温度检测传感器（包括 IGBT 温度和锅温）、三端稳压器、IGBT 驱动放大器等器件常采用电阻检测方法判断元器件的好坏。温度检测传感器的检测判断方法在前面的任务中已掌握，其他元器件的电阻检测方法如下。

（1）三端稳压器的检测方法　判断三端稳压器的好坏，主要是通过检测其输入、输出端对地电阻。如图 4-48 所示，黑表笔接三端稳压器的接地端，红表笔接输入端，正常情况下，测得阻值约为 5kΩ；保持黑表笔不动，红表笔接输出端，测得阻值约为 2kΩ。若检测数值与正常情况下相差较大，则说明该三端稳压器已损坏。

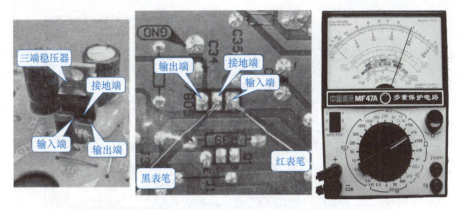

图 4-48　三端稳压器的外形与输入、输出端电阻检测方法

（2）电压放大器 LM339 的电阻检测方法　检测或判断电压放大器的好坏常采用开路电阻法或替换法。LM339 各引脚对地正/反向电阻见表 4-7。

表 4-7　LM339 各引脚对地正/反向电阻

引脚	符号	功能	开路电阻/kΩ 正向	开路电阻/kΩ 反向	引脚	符号	功能	开路电阻/kΩ 正向	开路电阻/kΩ 反向
1	OUT2	输出 2	∞	7	8	V3−	反相输入 3	∞	8.5
2	OUT1	输出 1	∞	7	9	V3+	同相输入 3	∞	8.5
3	VCC	电源	9.5	8.5	10	V4−	反相输入 4	∞	8.5
4	V1−	反相输入 1	∞	8.5	11	V4+	同相输入 4	∞	8.5
5	V1+	同相输入 1	∞	8.5	12	GND	地接端	0	0
6	V2−	反相输入 2	∞	8.5	13	OUT4	输出 4	∞	7
7	V2+	同相输入 2	∞	8.5	14	OUT3	输出 3	∞	7

（3）IGBT 驱动放大器的电阻检测方法　判断 IGBT 驱动放大器的好坏，可以通过检测各引脚对地电阻值与正常值进行比较作出判断。IGBT 驱动放大器 TA8316S 的 4 脚是接地端，检测电阻值时，黑表笔接驱动放大器的接地端（4 脚），红表笔分别接各引脚，测量其各引脚对地电阻，测量方法如图 4-49 所示，各引脚对地阻值见表 4-8。

表 4-8　IGBT 驱动信号放大器 TA8316S 各引脚对地阻值

引脚	对地阻值/kΩ	引脚	对地阻值/kΩ	引脚	对地阻值/kΩ
1	3.5	4	0	7	6.1
2	5.4	5	6.1		
3	6	6	6.5		

将 IGBT 驱动放大器各引脚对地实测阻值与该表进行对照，若数值相差较大，则说明该驱动放大器已损坏。

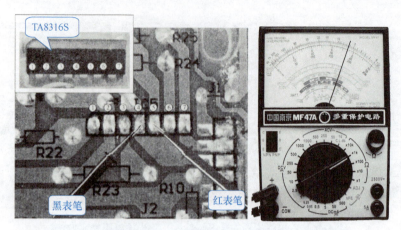

图 4-49 IGBT 驱动放大器各引脚对地电阻值的测量方法

4. 故障检修实例

某品牌电磁炉出现显示正常、无锅检声、无功率输出的故障。

故障分析：显示正常说明低压供电电路正常。无锅检声、无功率输出往往是微处理器控制电路、驱动电路、电压比较器 LM339 及外围电路等故障引起的。维修时应重点检查这几部分电路。

检修方法：

1）上电测量低压 5V、18V、高压 300V，正常。

2）用万用表测量 LM339 各引脚电压，发现其 9 脚电压为 0（正常电压为 3.6V）。仔细观察 LM339 外围电路，9 脚通过电阻 R_{20} 接地，同时电阻 R_{20} 为 9 脚分压供电电阻。因此怀疑电阻 R_{20} 对地短路。

3）用万用表电阻挡测量 R_{20} 的电阻值，其阻值几乎为 0。更换 R_{20}，上电试机，故障排除。

R_{20} 对地短路造成 LM339 的比较电压发生变化，使 LM339 的 14 输出脚对地导通，拉低了 PWM 的积分电压，造成 IGBT 驱动电路无信号输出，最终导致无功率输出。

  任务评价

任务评价标准见表 4-9。

表 4-9 任务评价标准

项 目	配分	评 价 标 准	得 分
知识学习	40	1）懂得电磁炉检测与保护电路的基本结构和工作原理 2）会分析电磁炉典型检测与保护电路的工作原理 3）熟悉电磁炉检测与保护电路检修流程	
实践	50	1）会分析电磁炉检测与保护电路的故障并形成检修思路 2）会检测电磁炉检测与保护电路主要部件的好坏和关键检测点的电压与电阻	
团队协作与纪律	10	遵守纪律、团队协作好	

1. 电磁炉的检测与保护电路实际上是电磁炉中各种信号的_____电路。
2. 电磁炉的检测与保护电路工作后，_____各种控制信号对其他单元电路_____，电磁炉才能正常工作。
3. 电磁炉的检测与保护电路有两个重要芯片，它们是_____、_____，其中_____是电磁炉的核心芯片。
4. 用框图表达电磁炉检测与保护电路的组成结构。
5. 说一说电磁炉检测与保护电路的检修流程。
6. 分析图 4-40 所示的电磁炉电压检测电路的工作原理。
7. 简述 IGBT 温度检测传感器的检测方法。

任务六　电磁炉的操作与显示电路分析与检修

电磁炉的操作与显示面板总是置于电磁炉的前端，使用时，人们通过操作按键输入工作指令，例如，开/关机、火力、温度等，实现人机对话。面板显示当前的工作状态、故障代码等，让操作者了解电磁炉的当前工作情况。因此，操作与显示电路是操作人员与电磁炉对话的一个平台。本任务学习电磁炉操作与显示电路的组成结构，分析、检测操作与显示电路并学习故障的排除方法。

1. 电磁炉操作电路的结构和工作原理

电磁炉通常采用按键输入操作指令，实现人机对话。为了防止水分、油烟渗入电路板，电磁炉的操作面板一般是全封闭的，按键采用微动式或触摸式按键电路。电磁炉按键操作电路常用形式主要有分压式、独立式和矩阵式等。

（1）分压式按键操作电路　图 4-50 所示是典型的分压式按键操作电路原理图。分压式按键操作电路输出信号送到微处理器的键（盘）扫描端口（KEY），微处理器接收到该信号后，按照内部预先设定的程序启动该信号对应功能项进行工作。例如，按下 SB_1 按键，+5V 电压经 R_{64}、R_1 分压，得到 1.67V 的电压送到微处理器的 KEY 端口，微处理器接收到这个指令（信号）电压后，按照内部预先设定的程序启动该功能项工作；按下 SB_2 按键，5V 电压经 R_{64}、R_1、R_2 分压，得到 2.91V 的电压送到微处理器的 KEY 端口，同样的道理，微处理器按照内部预先设定的程序启动该对应项功能进行工作。

按下按键 $SB_3 \sim SB_{10}$ 都是这样工作的。图中电阻 R_{64} 为上拉电阻，以保证按键断开时，KEY 端口有确定的高电平，C_{26} 为滤波电容。

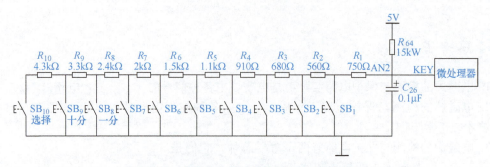

图 4-50 典型的分压式按键操作电路原理图

(2) 独立式按键操作电路　目前，电磁炉的功能较丰富，操作、显示项目也较多，这就需要较多的控制端口与之相对应，但微处理器的端口是非常有限的，于是人们就采用键盘接口电路扩展芯片（也称移位寄存器）来解决这个问题。

1）移位寄存器（扩展芯片）。74HC164 是电磁炉中常用的移位寄存器，它是一个 8 位串行输入/并行输出单向移位寄存器，其逻辑符号如图 4-51 所示，各引脚主要功能见表 4-10。电磁炉中常用的移位寄存器还有 74LS164、74164、74F164、SN74ALS164 等，均可与 74HC164 互换。

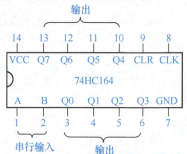

图 4-51 移位寄存器 74HC164 逻辑符号

表 4-10 移位寄存器 74HC164 各引脚主要功能

引　脚	内部符号	主要功能	引　脚	内部符号	主要功能
1	A	串行输入	8	CLK 或 MR	时钟输入
2	B	串行输入	9	CLR	复位（清零）输入
3	Q0	输出	10	Q4	输出
4	Q1	输出	11	Q5	输出
5	Q2	输出	12	Q6	输出
6	Q3	输出	13	Q7	输出
7	GND	接地端	14	VCC	电源正极

2）独立式按键操作电路的结构。独立式按键操作电路直接用扩展芯片（移位寄存器）的输入/输出（I/O）构成单个按键电路，每个按键单独占有一根 I/O 端口线，每根 I/O 端口线不会影响其他 I/O 端口线的状态。图 4-52 所示是电磁炉典型的操作与显示电路原理图，其图中左边中上部是由移位寄存器构成的独立式按键操作电路。

在图 4-52 所示的按键操作输入电路部分，按键输入为低电平有效，上拉电阻 R_1 保证按键断开时 I/O 端口有确定的高电平。图中 Q4、Q0~Q3 外接按键操作开关，接收人工指令。当微处理器接收到指令后，经内部程序处理，给 1、2 脚输入数据信号，由 Q0~Q7 输出脉冲信号。

独立式按键操作电路配置灵活，结构简单，但每个按键必须占一根 I/O 端口线，在按键较多时，I/O 端口线浪费较大，故只有在按键数量不多时才使用这种电路。

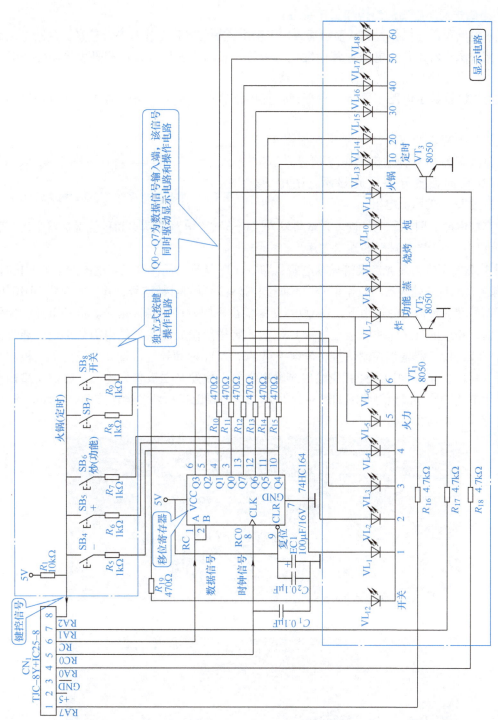

图 4-52 电磁炉典型的操作与显示电路原理图

矩阵式按键操作电路占用 I/O 端口线较少，但需采用专用集成电路，电路构成较复杂，本书不做介绍。

2. 电磁炉显示电路的结构和工作原理

显示电路可以让操作人员从显示面板中了解电磁炉的各种工作状态等信息，判断电磁炉是否在按要求正常工作。电磁炉常用发光二极管、液晶显示板、LED 数码管等器件完成显示工作。本书主要介绍发光二极管显示电路。

发光二极管显示电路主要有三种形式：直接驱动式、放大电路驱动式和移位寄存器驱动式。

发光二极管直接驱动式电路原理如图 4-53 所示，微处理器的 1 脚输出低电平信号时，指示灯 LED 正向偏置导通发光显示。图中 R_{38}（470Ω）为 LED 的限流电阻。

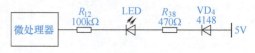

图 4-53　发光二极管直接驱动式电路原理图

中高挡电磁炉因显示项目较多，常将发光二极管放大电路驱动式和移位寄存器驱动式联合起来使用，减少微处理器的端口占用。

图 4-52 的下方为发光二极管显示电路，$VT_1 \sim VT_3$ 是驱动晶体管。当电磁炉上电开机时，1、2 脚接收来自微处理器的数据信号，8 脚接收微处理器的时钟信号，移位寄存器 74HC164 在数据信号和时钟信号的作用下，在 Q0～Q7 端输出不同时序的脉冲信号。当按下任一操作功能键时，相应的时序脉冲信号经插排 CN_1 的 8 脚送给微处理器，经内部处理后，通过插排 CN_1 的 1、4、7 脚输出控制信号，分别控制 $VT_1 \sim VT_3$ 饱和导通，发光二极管的负极获得低电平，移位寄存器 74HC164 相应输出脚输出高电平使发光二极管发光。电磁炉典型的操作与显示电路和操作面板对照图如图 4-54 所示，它主要由指示灯、操作按键、驱动晶体管、移位寄存器、数据线等构成。

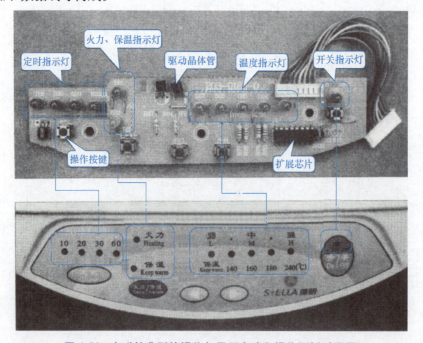

图 4-54　电磁炉典型的操作与显示电路和操作面板对照图

3. 风扇驱动电路分析

由于电磁炉中 IGBT、桥式整流堆的功率较大，工作时有大量的热量产生，需采用风扇强制散热，保证大功率元器件的正常工作。

电磁炉中常用晶体管驱动电路控制电风扇的工作，图 4-55 所示是电磁炉典型的风扇驱动电路。电磁炉通电开机后，直流电源为风扇电动机提供 18V 的工作电压，同时由微处理器输出高电平，使驱动晶体管 VT_1 饱和导通，风扇电动机运转。电路中 VD_3 是保护二极管，为电动机断电时产生的高压反电动势提供放电通路，保护驱动晶体管 VT_1 不受损坏。

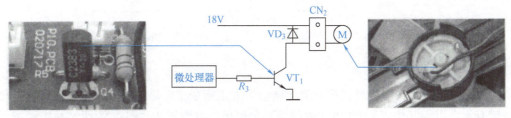

图 4-55　电磁炉典型的风扇驱动电路

4. 报警驱动电路分析

电磁炉工作时除了给用户显示工作状态外，还实现功能报警，声、光结合提示用户电磁炉工作状态。电磁炉蜂鸣器驱动电路有两种形式：一种是微处理器直接驱动式，另一种是放大电路驱动式。图 4-56 所示是电磁炉的报警驱动电路原理图。在图 4-56a 中，微处理器的蜂鸣器控制端口输出报警信号，经限流电阻 R_1（330Ω）直接加到蜂鸣器上驱动蜂鸣器发出声响。

在图 4-56b 中，微处理器的蜂鸣器控制端口输出报警信号，经 VT_1 放大后加至蜂鸣器，驱动蜂鸣器发出声响，实现报警。R_{30}、R_{40} 为 VT_1 提供偏置电压，保证晶体管 VT_1 正常工作。

5. 电磁炉操作与显示电路的检修

电磁炉操作与显示电路是电磁炉人机对话的操作平台。操作与显示电路板有故障时，常常会引起操作功能失灵，或显示部分不工作。遇到这种情况，首先应查看电路板元器件是否有明显损坏、按键是否失灵等现象。电磁炉操作与显示电路的故障，可通过图 4-57 所示的流程图进行检查排除。

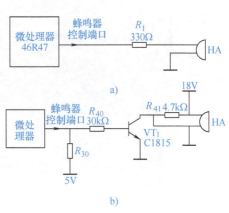

图 4-56　电磁炉报警驱动电路原理图
a）直接驱动式　b）放大电路驱动式

拆开电磁炉，认真观察操作与显示电路板，并检测操作与显示电路板上的主要元器件。元器件的检测与更换是电磁炉故障检修的重要内容。

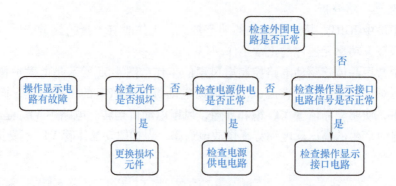

图 4-57 电磁炉操作显示电路故障检修流程图

1. 操作按键的检测与更换

电磁炉中的操作按键失灵，用户就无法输入人工指令，电磁炉则无法正常工作。电磁炉的按键有 4 个引脚（焊点），用万用表检测其阻值可以判断好坏，图 4-58 所示是按键按下时检测其电阻值的方法。

正常情况下，操作按键没按下时的阻值应为无穷大，按下时，其阻值近似为 0；否则，说明该操作按键已损坏，需更换。

由于有的操作按键是方形的，**更换时应注意 4 个引脚与电路板焊点之间的关系，避免安装错误。**

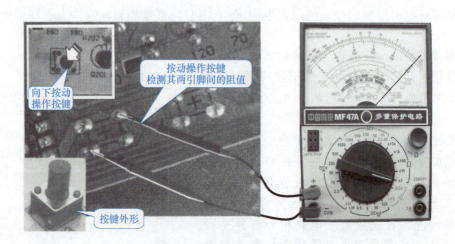

图 4-58 操作按键按下时检测其电阻值的方法

2. 指示灯（发光二极管）的检测与更换

指示灯用于显示电磁炉的工作状态，当该元器件出现故障时，指示灯不亮，电磁炉可能无法正常工作。其检测方法与普通二极管类似，图 4-59 所示是指示灯检测方法图。

正常情况下，指示灯的正向阻值为 20kΩ 左右，反向阻值为无穷大，否则说明指示灯损坏。更换指示灯，应选择规格、颜色与原器件相同的发光二极管，**安装焊接时应注意发光二极管的极性。**

发光二极管的极性判断：新的发光二极管可据引脚长短来判断，长脚为正极，短脚为负极；也可通过观察内部电极的大小来判断，电极较小的一端为正极，较大的一端为负极。

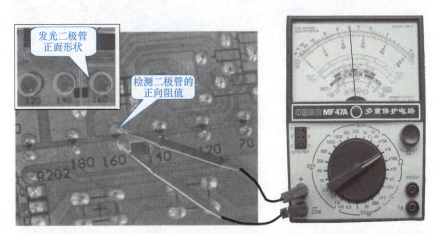

图 4-59　指示灯检测方法图

3. 驱动晶体管的检测与更换

晶体管的好坏一般通过测量晶体管引脚间的电阻来判断，可采用开路测量与在线测量的方法，开路测量数据较准确，不会产生误判。如驱动晶体管损坏，应用同型号的晶体管更换。

图 4-60a 所示是驱动晶体管与引脚对照图，图 4-60b 所示是驱动晶体管开路检测方法。为测量方便，将电路板上晶体管的集电极 C 和发射极 E 周围的焊锡焊下，使之与原电路断开，基极 B 周围的焊锡不动。用万用表 R×1k 或 R×100 挡测量，电阻挡应先调零。电磁炉上驱动晶体管大多数为 NPN 型，检测方法如下：

1）将万用表的黑表笔搭接在晶体管的基极上，红表笔接在晶体管的集电极上，测得晶体管集电结的正向电阻 $R_{BC正} \approx 4 \sim 5k\Omega$。交换表笔，即将黑表笔接在晶体管的集电极上，红表笔接在晶体管的基极上，测得晶体管集电结的反向电阻 $R_{BC反}$ 为无穷大，说明 B、C 间工作正常。

2）将万用表的黑表笔接在晶体管的基极上，红表笔接在晶体管的发射极上，测得晶体管发射结的正向电阻 $R_{BE正} \approx 6 \sim 6.5k\Omega$。交换表笔后测得发射结的反向电阻 $R_{BE反}$ 为无穷大，说明 B、E 间工作正常。

实践中，如 $R_{BC反}$、$R_{BE反}$ 远大于其相应的正向电阻，$R_{BC正}$ 与 $R_{BE正}$ 相差不是很多，可以判断该晶体管是正常的。

对于 PNP 型晶体管，其检测方法类同，只是在上述 1）、2）步测量正向电阻时将红表笔搭接在晶体管的基极上。

4. 蜂鸣器与风扇的检测

蜂鸣器的检测方法可参阅模块二项目二任务五。风扇可采用电阻检测法与电压检测法。

风扇电阻检测法如图 4-61 所示，将万用表转换开关（量程开关）置于 R×1 挡，两表笔分别搭接在风扇电动机的两引脚上，如果万用表的读数为 12Ω 左右，说明风扇电动机正常；如果阻值为无穷大或零，说明电动机内部绕组断线或短路，需更换。

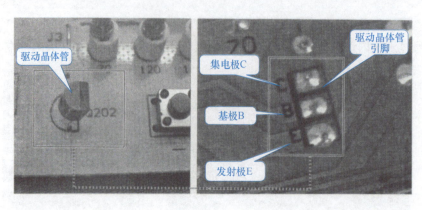

a)

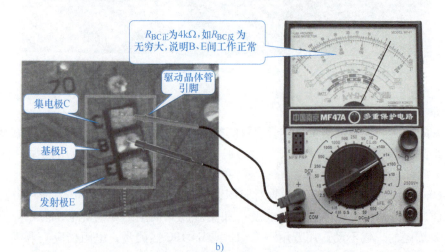

b)

图 4-60 驱动晶体管的检测方法

a) 驱动晶体管与引脚对照图　b) 驱动晶体管开路检测方法

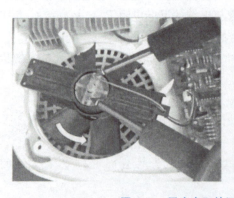

图 4-61 风扇电阻检测法

风扇电动机的好坏也可采用电压检测法,即测量其两引脚的电压,如电压为12V（或18V,不同机型供电电压不同）但风扇不转动,说明风扇电动机有问题,再用万用表的电阻挡进一步检测确认。

任务评价

任务评价标准见表 4-11。

表 4-11 任务评价标准

项　目	配　分	评价标准	得　分
知识学习	40	1）懂得电磁炉操作与显示电路的基本结构和工作原理 2）会分析电磁炉操作与显示电路的工作原理 3）熟悉电磁炉操作与显示电路检修流程	
实践	50	1）会分析电磁炉操作与显示电路的故障并形成检修思路 2）会检测电磁炉操作与显示电路主要部件的好坏和关键检测点的电压与电阻	
团队协作与纪律	10	遵守纪律、团队协作好	

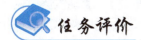

思考与提高

1. 电磁炉的_____电路位于电磁炉的前端，使用时，人们通过_____面板上的_____输入工作指令，控制电磁炉的工作状态。
2. 电磁炉的操作与显示电路主要是由各类指示灯、_____、_____、扩展芯片等构成。
3. 电磁炉中的_____失灵，则会引起_____的故障。
4. 指示灯（发光二极管）的检测方法与_____检测方法相同。
5. 画图并简述电磁炉操作与显示电路故障检修流程图。

任务七　电磁炉典型故障检修

任务引入

通过前几个任务的学习，我们已经掌握了电磁炉基本单元电路及其主要部件的检修方法，为整机故障检修奠定了基础。本任务学习电磁炉典型故障的检修方法与思路。

电磁炉的故障检修，主要是根据故障现象，正确分析、确定故障范围，形成正确的检修思路，选择合适的测量仪表和适当的检修方法。

1. 电磁炉整机不工作的故障检修思路与方法

电磁炉整机不工作表现为无指示（指示灯不亮）、无报警声的全无故障现象。造成这种全无故障现象的主要原因一般是电源供电电路、功率输出电路（谐振电路）、驱动电路、微处理器控制电路和操作与显示电路出现故障，尤其是电源供电电路和功率输出电路出现故障的可能性较高。维修时，通过外形观察和测量逐步缩小故障范围，查找到故障点，检测、更换故障元器件，最终修复电磁炉，达到正常的工作性能。全无故障检修流程如图 4-62 所示。

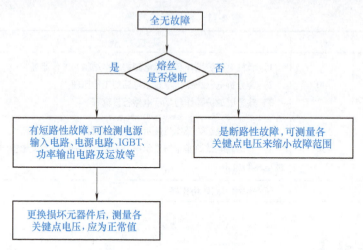

图 4-62　全无故障检修流程图

　　电源供电电路工作是否正常，关系到整机各控制部分是否能正常工作，也就影响到电磁炉是否能正常工作。除电源供电电路本身损坏外，一般 IGBT、阻尼二极管等短路性损坏都会引起电源供电电路烧毁。电源电路的检修方法如下：

　　1）采用变压器减压的电源电路　降压变压器将 220V 交流电转换为所需的低电压交流电。电磁炉上一般有两组或三组电源（5V、12V、18V）。采用两组电源的一般是将 5V 供给微处理器、操作与显示电路和一些低压控制电路，18V 供给 IGBT 驱动或风扇电源；采用三组电源的一般是将 IGBT 驱动和风扇电源分开，风扇采用 12V 电源。变压器为以上电源提供低压交流电源，通过检测各关键点的电压就可以查找、判断故障点。另外，很多电磁炉上 5V 电源一般采用三端稳压集成块 LM7805 进行稳压供电的电路，LM7805 长时间工作后的稳定性变差后会导致电磁炉不能正常工作，更换后故障即可解决。

　　2）采用 FSD200 电源厚膜块的电源电路　FSD200 电源厚膜块的电源电路可参阅图 4-14，判断 FSD200 厚膜块是否损坏最简单的方法是检测 3 脚和 4 脚的阻值。正常情况下，这两引脚间的正向电阻为 600Ω 左右，反向电阻应大于 10kΩ，如果测得正、反向电阻值与正常值相差太大，则可判断 FSD200 厚膜块已损坏。若该厚膜块已损坏，还应检查其 8 脚外接限流电阻（20Ω/2W 左右）和滤波电容是否损坏，如损坏，需一起更换。

　　3）检修方法　拆开电磁炉，仔细观察其低压直流电路为变压器降压、整流、滤波供电形式。检测熔断器，若完好，说明无击穿短路元器件，高压部分可能无故障，但整机电路存在断路现象。无指示，说明直流供电电路的输入、输出电压有问题。

　　检测直流供电电源输出 5V 端点，检测方法如图 4-63 所示。将万用表量程调整到直流 10V 电压挡，黑表笔接地，红表笔接 5V 输出端。如果万用表的读数为零，则说明直流供电电路没有输出。

经检测,直流供电电路没有电压输出,再检测减压变压器的输入端电压,输入电压为交流 220V,而直流供电电路没有输出,怀疑减压变压器损坏。拆下减压变压器,开路检测,进一步确认减压变压器损坏。更换后,故障排除。

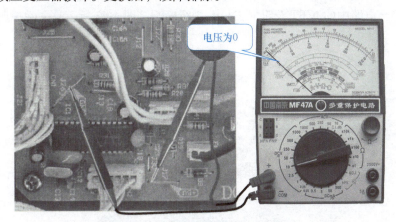

图 4-63　直流供电电源输出 5V 端检测

2. 电磁炉不加热的故障检修思路与方法

电磁炉通电开机后,蜂鸣器响,但不加热。这一故障现象说明电源低压供电电路正常,应重点检测交流输入电路中的桥式整流堆和滤波电容。

用万用表在线检测桥式整流堆的输入、输出电压。用交流 250V 挡位检测桥式整流堆的 220V 交流输入电压,如图 4-64 上方所示的小方块图。经检测,桥式整流堆的 220V 交流输入电压正常。再用直流 500V 挡检测桥式整流堆的输出电压,检测发现输出电压为 0,如图 4-64 所示,说明桥式整流堆损坏,需更换。

图 4-64　桥式整流堆输入、输出电压的检测

桥式整流堆损坏通常还会导致其他元器件损坏,需对滤波电容器等进行检测。经检测,发现滤波电容器的电阻值为 0,说明滤波电容也损坏了,更换桥式整流堆和滤波电容器后,开机电磁炉正常工作。

3. 电磁炉工作中突然断电的故障检修思路与方法

电磁炉工作中突然断电停止工作，再次通电后，电磁炉指示灯亮，操作按键有反应，但电磁炉不能加热。这一故障现象说明低压供电电路运行正常，重点应对高压电路中的桥式整流堆、功率输出电路中的 IGBT 及阻尼二极管进行检测。图 4-65 所示是电磁炉典型的大功率部件解剖图。

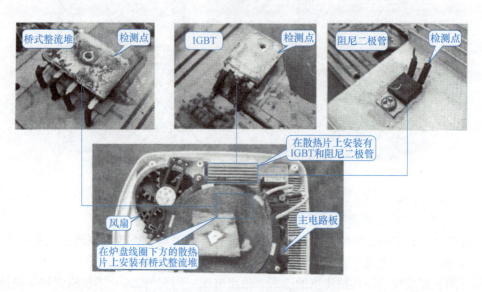

图 4-65　电磁炉典型的大功率部件解剖图

经检测，桥式整流堆正常，则说明交流输入及整流滤波电路正常。

检测 IGBT，IGBT 引脚位置与检测方法如图 4-66 所示。经检测，IGBT 正常。

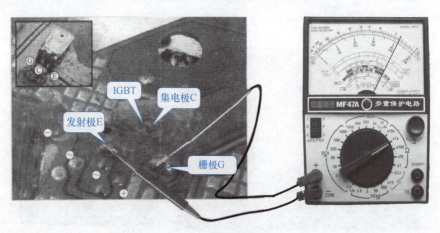

图 4-66　IGBT 引脚位置与检测方法

IGBT 正常，怀疑阻尼二极管损坏，将 IGBT 取下，对阻尼二极管进行检测，发现阻尼二极管的正、反向电阻值均为 0。正常情况下，阻尼二极管的正向电阻值应为 6kΩ，反向电阻值为无穷大，说明阻尼二极管被击穿，更换后，故障排除。

4. 电磁炉开机全无的故障检修思路与方法

按照全无故障现象检修思路，首先进行熔断器和元器件外观检查，再进行桥式整流堆、IGBT、高压电容器、低压电路等检查。

拆开电磁炉，发现熔断器爆裂，处于开路状态。观察高压振荡电容器（$0.3\mu F/1200V$）、电源滤波电容器（$5\mu F/275V$）等外形无损伤、引脚无虚焊情况。

无显示，检查操作与显示电路的供电整流二极管，检测结果正常。

用电阻法检查桥式整流堆、IGBT，发现IGBT的栅极对地电阻为0，更换IGBT后，测量阻值正常。

安装上新的熔断器，不接炉盘线圈，上电后还是没反应（不工作）。测量桥式整流堆输出电压约为300V，正常。而低压电源18V、5V的输出端均为0。该电磁炉的低压电源为FSD200开关电源厚膜块供电，参阅电路图4-14。继续检查，发现电源部分限流电阻R_{90}（$22\Omega/2W$）的外表已经发黑，更换R_{90}后，18V、5V的输出端分别只有0.2V、0.3V，仍不正常。初步判断为开关电源厚膜块损坏，更换。

更换电源厚膜块后上电，发现限流电阻R_{90}迅速烧黑，断电仔细检查电源厚膜块外围元器件，发现薄膜电容C_{90}严重漏电，更换C_{90}、R_{90}后，上电观察，正常。

接上炉盘线圈试机，故障排除。

5. 电磁炉通电后操作显示板显示正常但风扇不转的故障检修思路与方法

如果电磁炉加热正常只是风扇不转，说明5V和18V电源正常，故障出现在风扇本身或风扇控制电路；如果电磁炉既不能加热，风扇也不转，说明故障应在18V电源和微处理器本身。

用户反映，电磁炉能加热，只是风扇不转。因此，需检测风扇驱动电路是否正常，检测风扇电动机的好坏、电风扇电动机的供电电压、风扇驱动电路晶体管的好坏等。

首先检测电风扇电动机的阻值是否正常。用万用表R×1挡测量，将万用表的两表笔分别搭接在风扇电动机的两引脚上，如果测得阻值为12Ω，则说明该电动机正常。

风扇电动机正常，需对风扇电动机的供电电压进行检测，如图4-67所示。

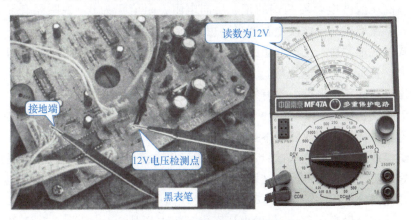

图4-67 风扇电动机供电电压的检测

将万用表的量程调至直流50V电压挡，将黑表笔接地、红表笔接电源供电端，检测其电压，万用表的读数为12V，则说明风扇电动机的供电电压正常。

风扇电动机的阻值和供电电压（电位）正常，怀疑是该电路中的晶体管损坏。

将电磁炉断电，检测风扇驱动电路中晶体管的好坏，如图 4-68 所示。对晶体管的集电极 C 与发射极 E 之间的正、反向阻值进行检测发现，晶体管的集电极 C 与发射极 E 之间的正、反向阻值都为无穷大，说明该晶体管损坏，对其进行更换后，再次试机，故障排除。

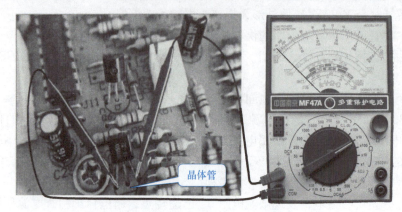

图 4-68　晶体管好坏的检测

值得注意的是，电子电路中电压的检测实际上是测量某点的电位。测量时电位有一定的数值，不一定说明电路能正常工作，如本例中风扇供电端电位正常，但另一驱动端不导通（不正常），则风扇不能工作。例如测量风扇供电插座电压不正常，但不能说明供电电路不正常，因此，测量电位比测量电压要准确。

6. 某品牌电磁炉多次烧熔断器的故障检修思路与方法

烧熔断器说明有元器件击穿短路，首先检查桥式整流堆、IGBT、高压电容器，再检查低压电路。

拆开电磁炉，发现熔断器烧毁严重。在线测量 IGBT 的 C、E 间正、反向电阻值均 0，说明 IGBT 已经被击穿短路，用同型号 H20T120 代换。

在线测量高压滤波电容器两端的正、反向电阻，阻值仍为 0，说明还有元器件击穿短路，可能桥式整流堆或高压滤波电容器击穿短路。

拆下桥式整流堆测量，已击穿短路。更换后，再测量高压滤波电容两端的正、反向电阻值，阻值较大，且有充、放电现象。

检查低压电路和其他电路，没有发现异常元器件。

拆下炉盘线圈，接入 220V/100W 的灯泡，用其他负载灯泡代替炉盘线圈，换上熔断器，通电后，灯泡不发光，说明故障基本排除。

安装好炉盘线圈，装机烧水试验，在线测量工作电流可达 8A 左右，工作正常。

该机修好后没几天，用户反映又坏了，故障和上次一样。第二次修好后，接上其他负载灯泡，测量几处高、低压关键点电压时，偶尔发现高压 300V 处的电压不稳定。关机几分钟后再次开机，快速测量高压 300V 处的电压，发现该电压从 200V 慢慢上升到 300V，这说明高压滤波电容器漏电，增大了电路中的电流，这才是多次烧熔断器的真正原因。

拆下该电容器，用数字万用表电容挡测量，失容很多，更换电容，故障排除。

电磁炉的故障现象还很多，例如，电磁炉开机烧熔断器，其故障原因主要是整流二极管

模块四　电磁炉的原理与维修

损坏、电解电容器漏电、IGBT 击穿短路等。在检修时，应主要检查主电路、滤波电容、桥式整流堆、整流二极管和 IGBT 驱动电路、高压保护电路等。

电磁炉不能开机或开机后自动关机，其故障原因主要是外部电网电压不稳定造成电磁炉过电压保护，或者风扇不转引起 IGBT 过热保护，或者是电磁炉的进出风口被堵，还有可能是微处理器本身出现故障。在检修时，应重点检查风扇电动机及其驱动电路、电压检测电路、IGBT 温度检测电路和电流检测电路。

电磁炉功率不稳定、间隙加热，其故障原因大多是电路不稳定引起的，或者是微处理器接收不到电路检测的反馈信号，或者是微处理器本身不良，或者是直流电源不稳定所造成的。在检修时，应主要检查过电流检测电路。

在电磁炉的检修实践中，可以通过询问用户或观察电磁炉显示的故障代码，帮助我们快速检修电磁炉提供判断依据。表 4-12、表 4-13 是美的 SF 系列和 EP 系列电磁炉故障代码。对于其他类型的电磁炉可以通过相应的生产厂家或其网站查询。

表 4-12　美的 SF 系列（SF164/174/184/194/204/214）电磁炉故障代码

故障代码	故障含义	故障代码	故障含义
E01	锅温传感器断路	E06	管温传感器高温异常
E02	锅温传感器短路	E07	低压保护（低于 180V）
E03	锅温传感器高温异常	E08	高压保护（高于 250V）
E04	管温传感器断路	E10	干烧保护
E05	管温传感器短路	E11	锅温传感器损坏

表 4-13　美的 EP 系列（EP181/201/199/176/186/196/206）电磁炉故障代码

故障代码	故障含义
火力灯 1 闪	锅温传感器断路
火力灯 2 闪	锅温传感器短路
火力灯 1、2 闪	锅温传感器高温异常
火力灯 3 闪	管温传感器断路
火力灯 1、3 闪	管温传感器短路
火力灯 2、3 闪	管温传感器高温异常
火力灯 1、2、3 闪	电压工作保护
火力灯 4 闪	高压保护
火力灯 2、4 闪	锅具干烧保护
火力灯 1、2、4 闪	传感器失效保护

任务评价

任务评价标准见表 4-14。

表 4-14 任务评价标准

项　　目	配分	评 价 标 准	得　　分
知识学习	30	1）熟悉电磁炉整机结构和标志性元器件的位置 2）会运用电磁炉工作原理分析典型故障并确定故障范围	
实践	60	1）能根据故障现象分析确定并逐步缩小故障范围 2）能根据故障现象和范围制订正确检修方案 3）会正确使用仪表检测电磁炉主要部件的好坏和故障电路的关键检测点的电压与电阻 4）能正确拆卸、安装元器件 5）故障排除率高	
团队协作与纪律	10	遵守纪律、团队协作好	

  思考与提高

1. 用流程图表示电磁炉通电后风扇不转的故障检修思路。
2. 用流程图表示电磁炉整机不工作的故障检修思路。
3. 制订电磁炉开机烧熔断器的检修方案。

应知应会要点归纳

1. 电磁炉是利用电磁感应原理进行加热的电热炊具。炉盘线圈是电磁炉功率输出部件，它本身不是热源，而是高频谐振电源回路中的一个电感，其作用是与谐振电容振荡，产生高频交变磁场，在灶具的底部形成涡流而转变成热能，热源实质是铁锅等灶具。铁锅导磁性能好，因此，电磁炉上用铁锅比其他金属灶具好。

2. 电磁炉主要由电源供电及功率输出电路板、检测与控制电路板、操作与显示电路板以及炉盘线圈、风扇散热组件等几部分构成。电磁炉的电源供电电路和功率输出电路是主信号电路，检测与控制电路和操作与显示电路是控制信号电路。

3. 电源供电电路由两路组成，输入 220V 交流电压直接经桥式整流电路变成约 300V 的直流电压供给炉盘线圈。另一路通常由变压器减压，再整流、滤波、稳压后形成所需的多种低压直流供电电压，如 5V、12V、18V 等供给检测、控制、操作显示等电路。交流输入电路中设有滤波电路，防止外界的干扰。

4. 功率输出电路是将电源供电电路送来的 300V 直流电压，经由 IGBT（绝缘栅双极型晶体管）、炉盘线圈、高频谐振电容形成高频高压的脉冲电流，与铁质炊具进行热能转换。

5. 操作与显示电路主要由操作按键（或开关）、指示灯、显示屏等构成，主要用于接收人工操作指令并送给微处理器（MCU），由微处理器处理，再输出控制指令，如开/关机、火力设置、定时操作等，再通过指示灯、显示屏显示电磁炉的工作状态。

6. 电源供电电路为检测与控制电路提供工作电压，该电路工作后，输出各种控制信号对其他单元电路进行控制，电磁炉才能正常工作。电磁炉的检测与控制电路主要包括脉冲信号产生电路以及过电压、过电流和过热检测和控制电路,实际上它是电磁炉中各种信号的处理电路。

7. 电磁炉的故障检修,主要是根据故障现象,正确分析、确定故障范围,形成正确的检修思路,选择合适的测量仪表和适当的检修方法。

附　　录

附录 A　波轮式全自动洗衣机的电动机绕组结构

波轮式全自动洗衣机电动机的起动绕组与工作绕组的技术参数是完全相同的，它们的线径、匝数、所占铁心槽数完全相同。为提高电动机的运行和起动性能，减少噪声，一般采用正弦绕组。

正弦绕组在各个定子铁心槽中的线圈是不均匀的，线圈匝数按照正弦规律分布，而且在每个槽内工作绕组、起动绕组相互重叠。一个槽内既有工作绕组又有起动绕组，绕组间用绝缘纸隔离，如图 A-1 所示。正弦绕组的绕组形式一般采用同心式，图 A-2 所示为其绕组的展开图，单相异步电动机绕组的端部接线图如图 A-3 所示，图中下圆圈表示下层边，上圆圈表示上层边。一般将两套绕组的尾端 Z2U2 连接（焊接）在一起，用一根线（通常为黑线）引出，即为两套绕组的公共端，它们的首端 Z1、U1 分别再用导线引出。

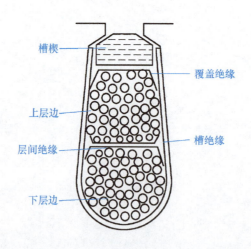

图 A-1　上、下层绕组在铁心槽内安放情况

正弦绕组在洗衣机、电冰箱电动机中得到广泛应用。在其他单相异步电动机中也有应用，一般嵌线（将线圈安放到铁心槽内）时常常把起动绕组放在上层，以便修理时重绕。

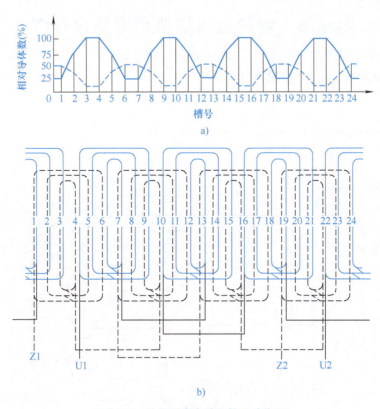

图 A-2 单相异步电动机的正弦绕组
a) 各槽导体数量分布图 　b) 绕组展开图

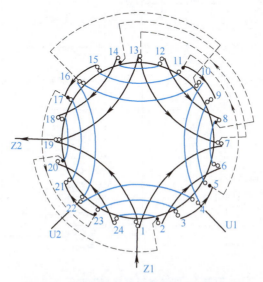

图 A-3 单相异步电动机绕组的端部接线图

附录 B 智能电饭锅典型电路原理图

智能电饭锅典型电路原理图见图 B-1。

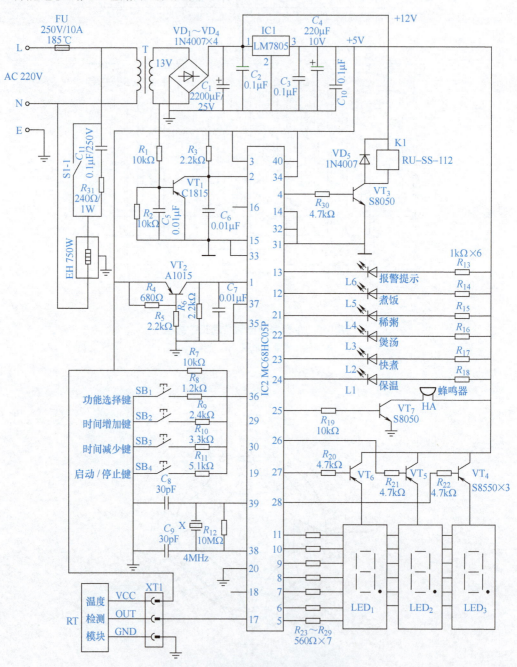

图 B-1 智能电饭锅典型电路原理图

附录 C 电磁炉典型电路原理图

电磁炉典型电路原理图如图 C-1~图 C-3 所示。

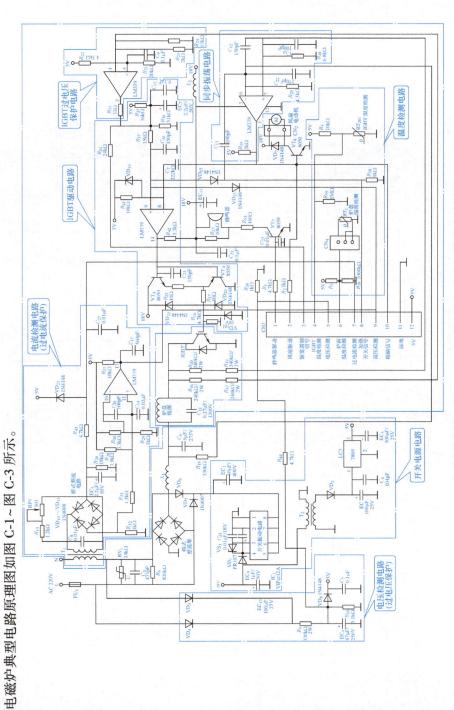

图 C-1 格兰仕 C18S-SEP1 型电磁炉电路原理图

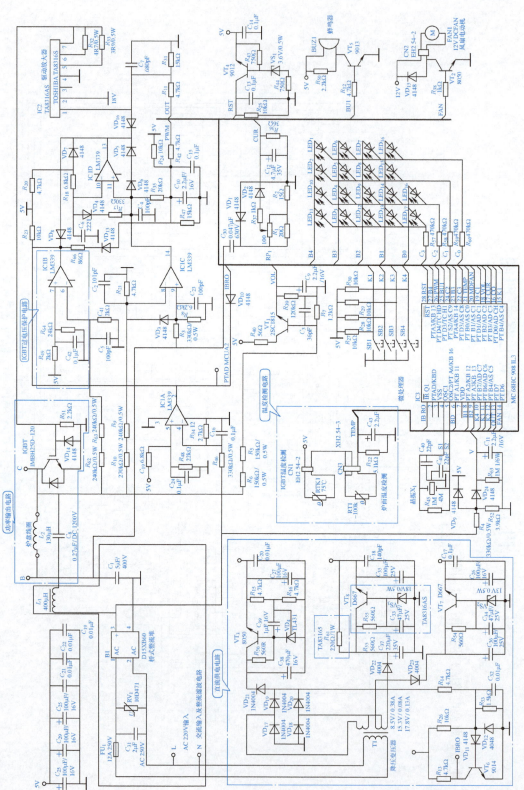

图 C-2 九阳 JYC-22 F 型电磁炉整机电路

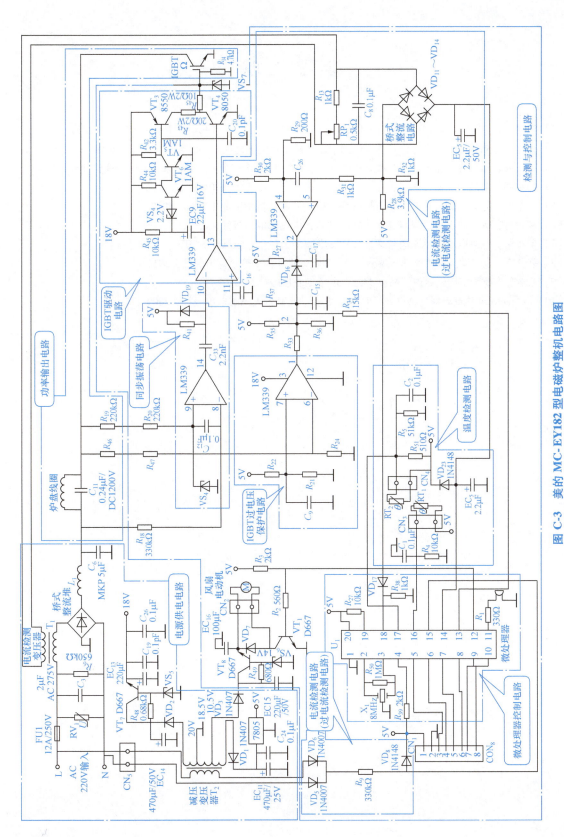

图 C-3 美的 MC-EY182 型电磁炉整机电路图

参考文献

[1] 汪明添，蔡光祥. 家用电器原理与维修[M]. 3版. 北京：北京航空航天大学出版社，2018.
[2] 孙立群，刘艳萍. 小家电维修从入门到精通[M]. 4版. 北京：人民邮电出版社，2018.
[3] 胡国喜，徐连春，张宝. 图解微波炉：原理、结构与维修技巧[M]. 北京：机械工业出版社，2010.
[4] 韩雪涛. 电磁炉维修巧学速成[M]. 北京：机械工业出版社，2011.
[5] 张新德，等. 电磁炉快修技能图解精答[M]. 北京：机械工业出版社，2010.
[6] 韩雪涛，等. 洗衣机原理与维修[M]. 北京：人民邮电出版社，2010.
[7] 申小中. 电热电动器具原理与维修[M]. 北京：人民邮电出版社，2010.
[8] 荣俊昌. 全自动洗衣机原理与维修[M]. 2版. 北京：高等教育出版社，2012.
[9] 王学屯. 新手学修电磁炉[M]. 北京：电子工业出版社，2010.
[10] 侯爱民. 电热电动器具维修技术基本功[M]. 北京：人民邮电出版社，2009.